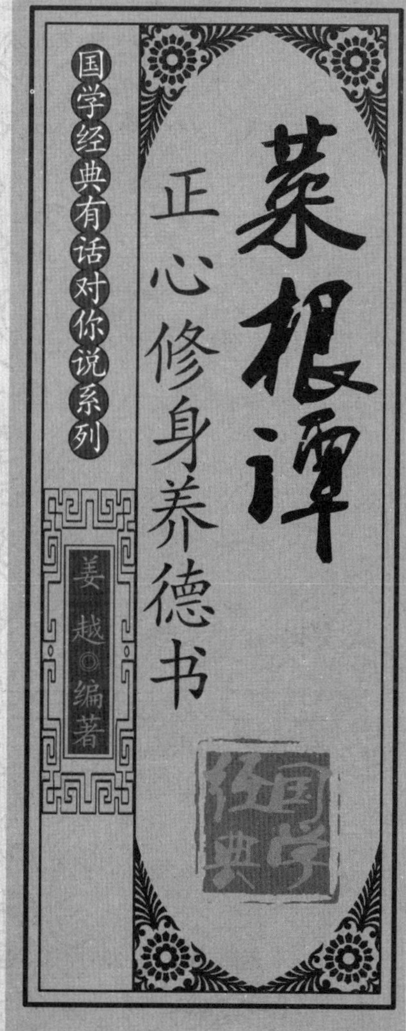

中国书籍出版社

图书在版编目(CIP)数据

菜根谭：正心修身养德书 / 姜越编著.
--北京：中国书籍出版社，2019.7
ISBN 978-7-5068-7384-0

Ⅰ.①菜… Ⅱ.①姜… Ⅲ.①个人－修养－中国－明代 Ⅳ.①B825

中国版本图书馆CIP数据核字（2019）第156592号

菜根谭：正心修身养德书

姜越 编著

责任编辑 吴化强
责任印制 孙马飞 马 芝
封面设计 侯 泰
出版发行 中国书籍出版社
地　　址 北京市丰台区三路居路97号（邮编：100073）
电　　话 （010）52257143（总编室） （010）52257140（发行部）
电子邮箱 eo@chinabp.com.cn
经　　销 全国新华书店
印　　刷 北京市通州大中印刷厂
开　　本 710毫米×1000毫米 1/16
印　　张 17.25
字　　数 303千字
版　　次 2019年7月第1版 2019年7月第1次印刷
书　　号 ISBN 978-7-5068-7384-0
定　　价 49.80元

前　言

《菜根谭》是明末清初很著名也是影响很大的一本书。由明代万历年间的学者洪应明撰写，书中内容糅合了儒家的中庸、道家的无为、佛家的出世和作者自身的生活体验，形成了一套为人处世的方式，表现了中国古人对人性、人生和人际关系的独到见解。毛泽东曾说："嚼得菜根者百事可做。"读懂一部《菜根谭》，体味人生的百种滋味，就能达到"物我两忘"的境地，保持内心的平衡。

花香可以用鼻来品味，果香可以用口来品味，而菜根香却需要用一颗智慧的心来品味。《菜根谭》的文字简练，意境空灵淡泊，书中谈修养、谈学习、谈生活、谈社会现象、谈人生态度等，运用充满审美情趣的思维方法，使人们能够明心见性，彻悟人生。古人说：莫将容易得，便做等闲看。因为只有对它静心玩味的人才能领会，才能去把握和实践。古人又云：性定菜根香。随着久历世事的先哲去达到心意澄澈，则本书之风味远胜俗书处也自必心中了然。

人性是共通的。古代人的智慧对于当今社会同样有着指导意义，着手编写本书，就是希望发掘它对现代人精神修养与为人处世之道的借鉴价值。穿过数百年的时空距离，以现代人的视野和思维方法来对它进行提炼与演绎。通过《菜根谭》这部经典之作，希望可以帮助现实中的人们免去怀才不遇的忧愁，不再那么急躁求进，而是安心地、脚踏实地地走好每一步，以蓬勃的朝气、远大的志向，理性地审视淡泊与进取，无为与有为之间的辩证关系，以更宽厚、更通达、更积极的心态去追求自己的理想人生。

在编纂本书的时候，从现在流行的多个《菜根谭》版本中做了一定取舍，合为上下两篇，逐条拟写标题。若书中有疏漏不妥之处，还请读者不吝指正。

目　录

上篇　《菜根谭》智慧直播

第一章　修身养性，寻找本真

《菜根谭》是明代还初道人洪应明收集编著的一部论述修养、人生、处世、出世的语录文集。是三教真理的结晶，是得来不易的传世教人之道，为旷古稀世的奇珍宝训。对于人的正心修身、养性育德有不可思议的潜移默化的作用。本章从修身养性这个角度出发，带领读者寻找本真。

第二章　克己自省，静待花开

曾子曰："吾日三省吾身——为人谋而不忠乎？与朋友交而不信乎？传不习乎？"可见智者将自省放到很高的位置，通过反省自己日常的一言一行，来时刻提醒自己保持德行。《菜根谭》中有很多就是教导人们克己自省，只要做到严格要求自己，时刻反思，就一定能提高自己的修养。

第三章　磨砺自身，任重道远

天将降大任于斯人也，必先苦其心志，劳其筋骨，饿其体肤……不管是完善自身修为，还是取得世俗的成功，都需要经过一番磨砺，只有经历过各种物质上和精神上的考验，人才能有所得，最终实现自己的理想。但是漫漫成功路，任重而道远，在这个过程中一定要经受住考验，在逆境中磨炼自己。

第四章　方圆处世，刚柔相济

人生在世，总要和各种各样的人打交道，有自己喜欢的，也有自己不喜欢的。想要在人际交往中游刃有余，就必须做到方圆处世，多些灵活变通，少些固执己见。在对人对事上，要懂得以和为贵，刚柔相济，千万不要苛责于人，否则只会让自己失去朋友，树立敌人，让自己的人生寸步难行。

第五章　谨小慎微，戒骄戒躁

三国时期刘备说过："不以善小而不为，不以恶小而为之。"这就是告诫我们为人处世必须谨小慎微，注意观察细节，做好最基本的事情。只有做好每一件小事，才能最终成就大事。在这个过程中，也要注意谦虚低调，千万不要骄傲自大，须知"天外有天，人外有人"。

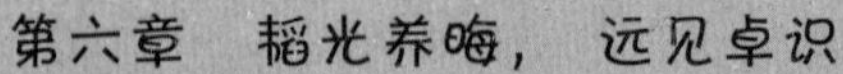

第六章　韬光养晦，远见卓识

为人处世，一定要着眼于长远，不要被眼前的蝇头小利所诱惑，也不要锋芒毕露。因为人世间充满险恶，成功之路也是坎坎坷坷，如果暂时不能达到自己的目标，也不要急躁，而应该暗自努力，掩藏才华，这样就能给自己一个相对安全的环境和恰当的发展时机。等到机会来临，就有了自己的用武之地。

第七章　淡泊明志，宁静致远

“非淡泊无以明志，非宁静无以致远。”出自诸葛亮54岁时写给他8岁儿子诸葛瞻的《诫子书》。对我们现代人来说，“淡泊明志，宁静致远”同样具有人生指导意义，不把眼前的名利看轻淡就不会有明确的志向，不能平静安详全神贯注地学习，就不能实现远大的目标。

下篇 《菜根谭》深度报道

第一章 要想成功，必经磨炼

论及成就事业，《菜根谭》中有这么一段话：欲修炼精金美玉的人品，定从烈火中煅来；思立掀天揭地的事功，须向薄冰上履过。就是说，要想追求那种金玉般纯洁的品德，必须到轰轰烈烈的事业中去磨炼；要想创立惊天动地的功绩，必须到难关险隘中去拼搏。

第二章 站得高才能看得远

登高使人心旷，临流使人意远；读书于雨雪之夜，使人神清；舒啸于丘阜之巅，使人兴迈。意思是说，登上高山放眼远看，就会使人感到心胸开阔；面对流水凝思，就会让人意境悠远。

第三章 修身养性，只和心有关

凡是能够修身养性最终取得成功的人，大多是因为他们能够换位思考和宽宏大量。修身养性在身体力行的同时，心态是最重要的。

第四章　温和之人更有福气

人的脾气的好坏和性格有关，而性格又和德行有关，德行是不可能装出来的，是要靠自己一点一滴去修养的。只有性格温和的人，才会对别人温存、体贴、热爱，获得幸福。

第五章　大道至简，极致是真

一个人写文章写到登峰造极的水平时，并没有什么奇特的地方，只是把自己的思想感情表达得恰到好处而已；一个人的品德修养如果达到炉火纯青的境界时，和普通平凡人没有什么区别，只是使自己的精神回归到纯真朴实的本性而已。

第六章　随机应变，培养通达之心

通达，从古到今都是人们追求的一种境界。人应有通达之心，在实践中提高思想境界和道德修养。

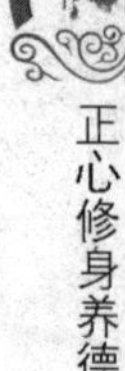

第七章　排除心烦恼，幸福自然来

庄子主张的道德修养的最高境界是恬淡、寂寞、虚空、无为，认为虚空和恬淡“方才合乎自然的真性”。要达到这种境界，就要排除内心的烦恼，只有这样，“云去月现，尘拂镜明”的高尚追求才能自然呈现。

上篇

《菜根谭》智慧直播

第一章 修身养性，寻找本真

《菜根谭》是明代还初道人洪应明收集编著的一部论述修养、人生、处世、出世的语录文集。是三教真理的结晶，是得来不易的传世教人之道，为旷古稀世的奇珍宝训。对于人的正心修身、养性育德有不可思议的潜移默化的作用。本章从修身养性这个角度出发，带领读者寻找本真。

栖守道德　毋依权贵

◎ 我是主持人

古代人都注重修身养性，修身的一个基本要求就是坚守自己的道德准则，不论外界环境发生什么变化，都不能抛弃自己的道德准则，去迎合世俗的需求。保持本真，才是修身之道。

◎ 原文

栖守道德者，寂寞一时；依阿权势者，凄凉万古。达人观物外之物，思身后之身，宁受一时之寂寞，毋取万古之凄凉。

◎ 注释

道德：指人类所应遵守的法理与规范，据《礼记·曲礼》说："道德仁义，非礼不成。"

依阿：胸无定见，曲意逢迎，随声附和，阿谀攀附权贵。

达人：指心胸豁达宽广、智慧高超、眼光远大、通达知命的人。

物外之物：泛指物质以外的东西，也就是现实物质生活以外的道德修养和精神世界。

身后之身：指身死后的名誉。

毋：同"勿"，不要。

◎ 译文

一个坚守道德准则的人，也许会暂时寂寞，而那些阿谀攀附权贵的人，却会遭受永远的孤独。心胸豁达宽广的人，重视物质以外的精神价值，考虑到死后的千古名誉，他们宁可坚守道德准则，而忍受暂时的寂寞，也绝不会趋炎附势，而遭受万古的凄凉。

◎ 直播课堂

对“道德”内涵的认知仁者见仁，智者见智。老子说：“古之善为道者，微妙玄通，深不可识。”道是顺应自然规律的一种微妙哲理，大道无形，大道无为，道就在我们身边，无时无刻不陪伴着我们，遗憾的是，大多数人都无视它的存在，不能充分认知，好好加以利用。老子在《道德经》中对德做了更加详尽的阐述：“上德不德，是以有德。下德不失德，是以无德。”上德——无为而无以为，下德——为之而有以为。就是说，高层次的德是顺其自然，无意表现他的德，而低层次的德是做自认为有德的事，有意表现他的作为。所以，“道德”二字放在一起，体现的含义与我们通俗的理解就截然不同了，“道生万物，有得有获，故名德”。如此，大家就可以理解，为什么坚守道德的人会寂寞，但这种寂寞只是表面的，是旁人眼中的寂寞，而有道德的人，心却是平静的。

自古以来，说到某人依附权贵，大多数人都会有所鄙视，但还是有很多人处心积虑、无所不用其极，想尽办法依附权贵。这种人贪图一时的享受，满足自己对物质需求的欲望，而全然不顾精神的空虚和孤独。可见其对于修身有多大的阻碍作用。宋代苏轼就曾感叹，不依权贵，一直坚守自己的信念，虽然艰难，却能找到内心的安宁。

与其练达　不若朴鲁

◎ 我是主持人

很多人认为，要想在世俗中游刃有余，就得学会圆滑世故的处事方

式，恰恰是这种想法，让不少本来品质高洁之人染上了世俗的弊病，流入庸俗。相比之下，简单朴实的处事方式更有利于自己保持心灵的纯洁。

◎ 原文

涉世浅，点染亦浅；历事深，机械亦深。故君子与其练达，不若朴鲁；与其曲谨，不若疏狂。

◎ 注释

涉世：经历世事。

点染：此处是指一个人沾上不良社会习气，有玷污之意。

机械：原指巧妙的器物，此处比喻人的城府。

练达：指阅历多而通晓人情世故。

朴鲁：朴实、粗鲁，此处指憨厚，老实。

曲谨：拘泥小节，谨慎求全。

疏狂：放荡不羁，不拘细节。白居易诗："疏狂属年少。"

◎ 译文

涉世不深的人，阅历不深，沾染的不良习惯也少；而阅历丰富的人，权谋奸计也很多。所以，一个坚守道德准则的君子，与其精明老练，熟悉人情世故，不如朴实笃厚；与其谨小慎微，曲意迎合，不如坦荡大度，不拘小节。

◎ 直播课堂

梁启超说，越是精明老练的人，越活得不像自己，他需要在各种关系中斡旋，权衡利弊。在很多情况下，这种"劳心者"并没有达到本来的目标，而是掉进自己给自己挖的陷阱中。而一些看似愚钝之人，用一颗赤诚之心面对世事，虽然阅历少但却保持高洁的品性，更容易被人赏识，从而达到自己的目标。通过梁启超的这番言论，我们不难看出精于世故并不一定能在世间游刃有余，而保持纯真才是"无招胜有招"。

《呻吟语》中有一段十分精辟的话："精明也要十分，只需藏在浑厚里作用，古今得祸，精明人十居其九，未有浑厚而得祸者。今之人唯恐精明不至，乃所以为愚也。"译成今天的话就是：精明还是非常需要的，但要在浑厚中悄悄地运用。古往今来得祸的人绝大多数都是精明的人，没有因浑厚而得祸的。现在的人唯恐不能精明到极点，这正是愚蠢的原因！

真味是淡　至人如常

◎ 我是主持人

不管是儒家的圣人，还是道家的智者，抑或是佛家的大师，其实他们的言行举止跟常人无异，最高深的其实也是最简单的，这种辩证的思想在《菜根谭》中是较为常见的。

◎ 原文

酡肥辛甘非真味，真味只是淡；神奇卓异非至人，至人只是常。

◎ 注释

酡肥：酡，美酒；肥，美食、肉肥美。《淮南子·主术训》中说："肥酡甘脆，非不美也；然民有糟糠菽粟，不接于口者，则明主弗甘也。"

真味：美妙可口的味道，比喻人的自然本性。

卓异：神奇怪异。

至人：道德修养都达到完美无缺的人，即最高境界。《庄子·逍遥游》篇有："至人无己，神人无功，圣人无名。"

◎ 译文

烈酒、肥肉，辛辣、甘甜并不是真正的美味，真正自然的美味是清淡平和。言谈举止神奇超常的人不是道德修养最完美的人，真正道德修养完美的人，其行为举止和普通人一样。

◎ 直播课堂

老子在《道德经》中有过这样的话：大音希声，大象无形。这其实是老子对“道”的阐释，最美的声音就是听起来无声响，最美的形象就是看不见行迹。大音若无声，大象若无形，至美的乐音、至美的形象已经到了和自然融为一体的境界，反倒给人以无音、无形的感觉。在现代，“大音希声，大象无形”则更代表了一种将美融入生活的智慧，情感热烈深沉而不矫饰喧嚣，智慧隽永明快而不邀宠于形。拥有这种智慧的人不用刻意地去想什么、做什么，便自然无形地把情感使用到最值得、最有意义的地方去，从而使自己更好地享受生活！

人生活在社会中，自然要与他人、与社会发生这样那样的联系，这就有一个以什么样的心态和方式去做人做事的问题。一个人如果能够保持轻松平和的心态，就能不被物欲束缚住心灵，不被狭隘遮挡住视野，妥善处理方方面面的关系，更好地创建一番事业，实现自己的人生价值。当然，保持平常心并不是要人安于现状、不求上进，而是尽量把个人的名利、荣辱、进退看得淡一些，防止这些东西干扰正常的学习、工作和生活；也不是要人跳出“三界”、脱离实际，而是努力在纷繁复杂的社会生活中把握正确方向，坚持做对国家和人民有益的事。

古人说：“淡泊以明志，宁静以致远”“不以物喜，不以己悲”。这就是平常心，是大胸怀、大境界。

消除妄心　显现真心

◎ 我是主持人

儒家主张"性本善"，而在现实中，对人性本善还是人性本恶的争论一直没有停止。《菜根谭》认为人性本善，只是被妄心所蒙蔽，只要消除妄心，便可见真心。

◎ 原文

矜高倨傲，无非客气降伏得，客气下而后正气伸；情欲意识，尽属妄心消杀得，妄心尽而后真心现。

◎ 注释

矜高倨傲：自夸自大，态度傲慢。

客气：言行虚娇，不是出于真诚。

正气：至大至刚之气，例如孟子所说："我善养吾浩然之气"，这种浩然之气就是正气。

意识：心理学名词，指精神的醒悟状态，如知觉、记忆、想象等一切精神现象都是意识的内容，此处有认识和想象等意。

妄心：虚幻不实际叫妄，本是佛家语，指人的本性被幻象所蒙蔽。

真心：真实不变的心。佛家语，据《辞海》注："按《楞伽经》以海水与波浪喻真妄二心：海水常住不变，是为真；波浪起伏无常，是为妄。众生之心，对境妄动，起灭无常，故皆是妄心。得金刚不坏之心，惟佛而已。"

◎ 译文

一个人之所以会有自高自大、傲慢无理的态度，无非是由于受外来的虚矫言行所影响，只要能把这种外来的、不是出于至诚的血气消除，光明正大、刚直无邪的正气就会出现。一个人的所有欲望和想象，都是由于虚幻无常的妄心所致，只要能消除这种虚幻无常的妄心，善良的本性就能显现出来。

◎ 直播课堂

荀子《性恶》中说：人的本性是恶的，而善是后天人为的。人的本性，生来有喜好私利的，顺着这种本性，于是人与人之间的争夺就发生，谦让就消失了。人生来就有妒忌、仇恨的，顺着这种本性，于是残害忠良的事就发生，忠诚信用便消失了。人生来就有耳目的欲求，喜好声音美色，顺着这种本性，于是淫乱的事发生，礼义、等级制度和道德观念便消失了。既然这样，放纵人的本性，顺着人的情欲，必然会发生争夺，出现违反名分、破坏社会礼义秩序的事，从而导致暴乱。所以，一定要有君师和法制的教化、礼义的引导，然后才产生谦让，出现合乎等级制度的礼义秩序，从而导致社会安定。由此看来，人的本性是恶的已经清楚了，性善，是后天人为的。

尽管荀子主张的“性恶”，强调的是人的本性是恶的，但同时，他又肯定“善是后天人为的”。我们同样可以这样理解：人性中的“恶”习，只要能加以制服，那么，“善”的一面即会显现，去除妄心，显现出真心，去掉了虚伪，显现出本性。

《庄子·天地》篇中说，用道来观察言论，天下的君主就行为端正；用道来观察名分，君臣的义务就分明；用道观察才能，国家各部纷争就得到治理；用道遍观一切，万物的反应都很齐备了，所以，和天地相通是德，万物遵行的是道，官长治理人民的是事，专门的才能是技术，技术属于事，事属于义，义属于德，德属于道，道属于天。所以说：古代那养育天下的，没有欲望就天下富足，无为而万物自然演化，沉静而百姓安定。这正如古人所说：懂得同一，万事大吉；无心追求，鬼神都会服从。

庄子主张用“道”来观察人的言论和行为，并做到无欲无求，这样就能消除骄气，而使光明正大、刚直无邪的气得以彰显。

人性善恶　咫尺之间

◎ 我是主持人

人生在于选择，有的人选择善，有的人选择恶，只在一念之间，便走上了不同的人生道路。世俗之人有万千种选择，就有万千种世态。

◎ 原文

人人有个大慈悲，维摩屠刽无二心也；处处有种真趣味，金屋茅檐非两地也。只是欲闭情封，当面错过，便咫尺千里矣。

◎ 注释

大慈悲：能给他人以快乐叫慈，消除他人的痛苦叫悲，这是佛家语。《观无量寿经》有“佛心是大慈悲”，指佛菩萨广大之慈悲，全句意：人人都具有成佛的佛性。

维摩：梵语维摩诘的简称，是印度大德居士，汉译叫净名，辅佐佛陀教化世人，被称为菩萨化身。

屠刽：屠是宰杀家畜的屠夫，刽是以执行罪犯死刑为职业的刽子手，同样具有佛性。

金屋：指富豪之家的住宅，建筑金碧辉煌，汉武帝有“若得阿娇当以金屋藏之”的典故，佛教认为世间事物皆虚幻，故金屋茅檐并无差别。

咫尺：一咫是八寸，一尺十寸，咫尺指极短的距离。

◎ 译文

每个人都有一颗善良的仁慈之心，慈悲的维摩诘和屠夫刽子手的本性相同；世间到处都有合乎自然的真正生活情趣，富丽堂皇的高楼广厦和简陋的茅草屋没什么差别。可惜人心经常为情欲所封闭，因而会错过真正的生活情趣，不能排除杂念，虽然只在咫尺之间，但实际上已相隔千里了。

◎ 直播课堂

禅的经验就是一种自觉，是“没有自己，则一切都是自己的”“自他不二的自觉”。所以，“唯我独尊”的“我”并非差别、对立中的我，而是与天地一体、万物同根的，平等自由、自他不二的我。佛道即宏明自我之道，禅者称之为“宏明己道”。能够体认到这个“独尊佛”的真正内涵，谁都是释迦牟尼。人人都有佛性，东家儿郎、西家织女、斜街曲巷的艺人，都可成佛。世俗人心的千差万别，都是欲念、分别心所使然，乃是虚妄之见。

少事为福　多心招祸

◎ 我是主持人

什么是幸福？是大富大贵，还是名声在外？但不管是富贵之人，还是名满天下的学者，都会有烦恼。只有无忧无虑的状态，才是真正的幸福。

◎ 原文

福莫福于少事，祸莫祸于多心。惟少事者方知少事之为福；惟平心者始知多心之为祸。

◎ 注释

少事：指没有烦心的琐事。

◎ 译文

一个人的幸福没有比无忧心琐事可牵挂更为幸福的了，一个人的灾祸没有比疑神疑鬼更可怕的了。只有那些整天奔波劳碌的人，才知道无事一身轻是最大的幸福；只有那些经常心如止水、平静安详的人，才知道多心猜疑是最大的灾祸。

◎ 直播课堂

孔子说："宁武子在国家安定时是一个智者，在国家动乱时是一个愚人。他智的一面，别人赶得上，那愚的一面，别人无法赶上。"郑板桥有一传世风行的条幅："难得糊涂。"他还说："聪明难，糊涂难，由聪明而变糊涂更难。"孔子说的"愚"和郑板桥的"糊涂"之所以难做到，是因为要想真正做到，不仅要靠忠心和勇气，而且更需要忍辱负重，运智劳神，殚精竭虑。

一个有为的人应当达到"大智若愚，大巧似拙"的境界，这样就不会被琐事缠身，不会为闲言困扰。而一个平常人的生活，也应该是以一生平安无事、没有任何祸端为幸福的。所有祸端多半是由多事而招来，多事又源于多心，多心是招致灾祸的最大根源。所谓"疑心生暗鬼"，很多人由于疑心把事情弄坏，其道理就在于此。所谓："君子坦荡荡，小人长戚戚"，一个心地光明的人自然俯仰无愧，根本不用怀疑别人对他有过什么不利的言行。只有庸人、小人、闲人才整天为闲事、琐事忙碌，为依附权势、争夺名利奔波，为闲言碎语费尽心神地猜疑，可见他们的思想境界很低，难以意识到自己的可笑、可悲。

正如《红楼梦》中的王熙凤那样："机关算尽太聪明，反误了卿卿性命。"所以古人云：吃亏是福。

心体莹然　不失本真

◎ 我是主持人

孩童能保持纯真，是因为内心单纯，成人由于经历各种诱惑，内心难免会变得复杂，失去纯真。但只要时刻提醒自己，保持孩童般单纯的内心，也就不会失去本真。

◎ 原文

夸逞功业，炫耀文章，皆是靠外物做人。不知心体莹然，本来不失，即无寸功只字，亦自有堂堂正正做人处。

◎ 注释

夸逞：夸是自我吹嘘，言过其实，逞是强行显露。

莹然：莹是指玉的颜色，洁白纯净。

◎ 译文

夸大自己的功劳业绩，炫耀自己的文章美妙，这都是靠外物来增加自身光彩以博取他人赞美。却不知人人内心都有一块洁白晶莹的美玉，所以一个人只要不丧失人类原有的纯朴善良的本性，即使在一生之中没留下半点功勋伟业，也没留下片纸只字的著作文章，也算是一个堂堂正正的人。

◎ 直播课堂

孔子曾经这样评价过学生子路：穿一身破旧的棉袍子，和穿着华贵的裘皮的人站在一起，而丝毫不自惭形秽的，恐怕只有子路一个人吧！与此相反，那些立志很高而又为自己吃穿害羞的人，就不值一谈了。孟子说：“说大人则藐之。”曹植说：“左顾右盼，谓若无人，岂非君子之志哉!”而左思的诗说得更好：“贵者虽自贵，视之若尘埃；贱者不自贱，重之若千钧。”这告诉我们无论在什么人面前，要有礼，但不要自卑、胆怯。要对自己有信心，自己尊重自己，重视自己与别人平等的人格。这样，不仅能不自贱自羞，而且能对人不嫉妒、不妄求，堂堂正正地立于天地人群之间。

据说子路是“卞之野人”，从小在乡间长大。乡人只要不饥不寒，就有不会因非分之想而弄出种种丑态来的淳朴性格，加上在孔门所受的教育陶养，使他形成了自重自强的人格，这一点，对今天的我们，仍然具有很大的启示。

享有临济宗中兴之祖美誉的禅师东山法祖曾说过：“释迦牟尼和弥勒佛都是他的奴婢，你说这个‘他’是什么?”自然这个他指的就是本心、无位的真人、禅心。佛教信徒在行出家剃度礼时，首先要辞别国王、双亲，以切断君臣、亲子之缘。如果自称是臣僧某某，便是失去了佛徒本色。“他是谁”这一故事便显示了相反的立场，体现了禅者特有的矜持，不仅如此，本则故事中值得参究的字眼不在于“他”字，而是“奴”字。奴就是指奴婢，落身为奴，诚心至意地为了众人律己励行，真正地、具体地展现了自他不二的功用。古人曾说过：“意踏毗卢头顶，行拜童子足下。”既要怀有把佛祖的头踩在脚下的高昂气概，又同时具备跪拜于幼童脚下的谦虚操行，这才是禅者的生存之道。

了心悟性　俗即是僧

◎ 我是主持人

佛家认为一个人能否达到真实境界，只和内心有关，只要内心向善，即使身在俗世，也能看破。如果内心无善，即使修炼多年，也不过是俗人一个。

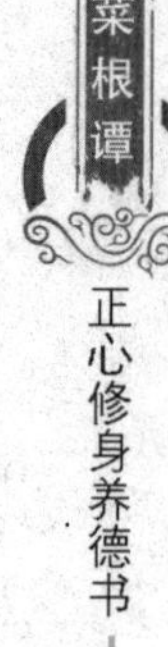

◎ 原文

缠脱只在自心，心了则屠肆糟廛居然净土。不然纵一琴一鹤、一花一竹，嗜好虽清，魔障终在。语云："能休尘境为真境，未了僧家是俗家。"

◎ 注释

缠脱：解脱与困扰。

糟廛：糟是酒渣，廛指市场。

魔障：佛家语，魔是梵语，指障害。恶魔所做的障碍，妨害修道。

◎ 译文

一个人是否能够摆脱烦恼的困扰，完全取决于自己的意志，只要你内心清静无杂念介入，即使生活在屠宰场或饮食店中也觉得是一片净土。反之即使你身旁有一琴一鹤，屋里屋外摆满了名花奇卉，内心不能平静，烦恼仍然会困扰你。所以佛家说："能摆脱尘世的困扰就等于到达了真实境界，否则即使身穿袈裟住在僧院里却和俗人没什么区别。"这的确是一句至理名言。

◎ 直播课堂

古代有位名叫盘山的和尚，他在街上看到有人正在买野猪肉。客人对肉店老板说："请切最上等的肉一斤。"只见老板放下割肉刀，双手抱在胸前，大大咧咧地回问："那你老兄说说哪个地方的肉不是上等的？"盘山听到屠夫这句问话，顿然有所解悟。当时盘山正为善与恶的道德问题而苦恼，而屠夫的话使盘山完全从道德的束缚中解脱出来。哪有什么恶人，难道有谁生来就没有佛性吗？这是盘山对超越善恶对立的平等如一的宗教世界的最清醒的认识的开始。肉店里可以悟道，看人买肉时可以悟道，只要细细体会，任何地方都是最好的地方，一切时间都是最好的时间。

不知有我　安知物贵

◎ 我是主持人

现代社会的人，强调自我个性，但却被很多人误解为以自我为中心，由此带来了很多烦恼。假如一个人看淡自我，降低欲望，那几乎可以百毒不侵了。

◎ 原文

世上只缘认得"我"字太真，故多种种嗜好、种种烦恼。前人云："不复知有我，安知物为贵。"又云："知身不是我，烦恼更何侵。"真破的之言也。

◎ 注释

烦恼：佛家语，原指阻碍菩提正觉的一切欲情。

破的：本指箭射中目标，喻说话恰当。

◎ 译文

只因为世上人把自我看得太重，所以才会产生多种嗜好、多种烦恼。古人说："假如已经不再知道有我的存在，又如何知道物的可贵呢？"又说："假如能明白连身体也在幻化中，一切都不是我所能掌握、所能拥有的，那么世间还有什么烦恼能侵害我呢？"这真是一句至理名言。

◎ 直播课堂

南泉禅师说过："心不是佛，智不是道。"有一次有位僧人问南泉：

“连马大师在内以前的祖师们都讲即心即佛，可现在您却说心不是佛，智不是道。为此修行的人都疑惑不解，请大师发发慈悲，指点一下迷津。”南泉道：“即心是佛，平常心是道，你们众人不加实证地就认为那是道是佛，这是一种执迷。”南泉和尚反其言而言之，一下点中了众人的要害，切断了凡夫们的执着之念。对此无门和尚评赞道：“天晴就出太阳，天下雨地上就会湿。这是明明白白最简单不过的事，真理也一样，不过说得这样明白，也会有人怀疑不信的。总之，执着自我的人，什么事都是在疑惑中。”

生死变化　如同昼夜

◎ 我是主持人

人在自然面前，总是渺小的，不能决定生，也不能决定死，一生一死不过是眨眼之间。因此，古代的圣人教导后人要敬畏自然，充实自己的精神世界。

◎ 原文

试思未生之前有何象貌，又思既死之后有何景色，则万念灰冷，一性寂然，自可超物外而游象先。

◎ 注释

一性寂然：指本性单纯宁静。

象先：指超越于各种形象。象，形象。先，超越。

◎ 译文

想想看，人在没出生之前又有什么形体相貌呢？再想想，人死了以后又是一番什么景象呢？人既然无法测知生前的往事，预卜死后的未来，生命又那么短促，一想到这些不免万念俱灰。不过精神是永恒的，只要能保持纯真的本性，自然能超越于物外遨游于天地之间。

◎ 直播课堂

人这一生，数十载只在眨眼之间，功名利禄真如浮尘。人心的本初都是清静明澈如水一样的，但是流落于世，渐渐被欲望所迷惑，就像是往水中丢进了泥沙一样，也就渐渐变得混浊起来。只有懂得顺应天道的人，才能使自己的心重回当初的澄澈。心一旦澄澈，没有欲望的杂质，那么对于名利富贵也就如浮云了，再多也只是投映在水面的影子，触不到他们内心一分一毫。保持纯真的本性，做一个不执迷功名利禄的人。

祥和之气　人生真谛

◎ 我是主持人

现在有一句流行的话，叫作“心态决定一切”，心态乐观的人看一切都充满生机和希望，心态悲观的人看一切都是无聊的。这跟《菜根谭》中的某些主张是相吻合的。

◎ 原文

机动的，弓影疑为蛇蝎，寝石视为伏虎，此中浑是杀机；念息的，石虎可作海鸥，蛙声可当鼓吹，触处俱见真机。

◎ 注释

机动：工于心计，狡诈多虑。

弓影疑为蛇蝎：由于心有所疑而迷乱了神经，误把杯中映出的弓影当作蛇蝎。

寝石视为伏虎：寝石，卧石。《汉诗外传》："昔者楚之熊渠子，夜行见寝石，以为伏虎，弯弓射之，没矢至羽之下。"

浑：都，全部。

念息：心中没有非分的欲望。

石虎：十六国时晋后赵高祖石勒的弟弟，生性凶暴。据《辞海》："晋后赵主石勒从弟，字季龙，骁勇绝伦，酷虐嗜杀，勒卒，子弘立，以虎为丞相，封魏王，虎旋杀弘自立，称大赵天王，复称帝，徙居邺，赋重役繁，民不堪命，立十五年卒。"

真机：真理，真谛。

◎ 译文

一个好用心机的人就容易产生猜忌，于是会把杯中映出的弓影误会成蛇蝎，甚至远远看见石头都会看成是卧虎，结果内心充满了杀气；一个心平气和的人，即使遇见凶残的石虎一类的人也能把他感化得像海鸥一般温顺，把聒噪的蛙声当作悦耳的乐曲来听，结果到处都是一片祥和之气，从中可以看到人生的真谛。

◎ 直播课堂

不善猜忌别人的人，往往反被他人猜忌；惯于猜忌他人行为不轨的人，又往往是以小人之心度君子之腹，自己的行为已经落在不轨之中。孔子说：不预先猜测别人要蒙蔽自己，也不无根据怀疑别人不老实；但碰到不老实的人或者欺伪不实的事，却能及早觉察，这样才算得上是贤明之人。

《后汉书·郭躬传》记载：中常侍孙章读错了诏书，尚书认为他是想"矫诏杀人"，皇帝也因为他与犯人同县，怀疑他有私仇故意报复，不自觉地就走入先怀疑别人，再委曲附会想办法证实自己的怀疑，从不诚起始，

因为不诚，最终造成不明，这样的例子是很多的。至于《水浒传》中林冲那样，已被别人几次算计，还要诚实赴约误入白虎堂，甚至到了黑松林还要说“无冤无仇，望祈饶命”的痴话，由老实而落入愚蠢，这样的事又何尝不多呢？

心体之念　天体所现

◎ 我是主持人

古人主张天人合一，认为大自然的变化和人体内部的变化是相对应的，因此教导后人要敬畏自然，并且取法自然，陶冶自己的情操。

◎ 原文

心体便是天体，一念之喜，景星庆云；一念之怒，震雷暴雨；一念之慈，和风甘露；一念之严，烈日秋霜。只要随起随灭，廓然无碍，便与太虚同体。

◎ 注释

心体：在中国哲学中，除了具体的形骸外，所有精神、灵性、智慧、思考、感情、意志等都被视为心抽象活动的一部分。因此心体可解释为人类精神本原。

天体：天空中星辰的总称，可解释成天心或宇宙精神的本原。

景星：代表祥瑞的星名。

庆云：又名卿云或景云，象征祥瑞的云层。据《汉书·礼乐志》：“甘露降，庆云出。”

甘露：祥瑞的象征，据《瑞应图》：“甘露，美露也，神灵之精，仁瑞之泽，其凝如脂，其甘如饴。”

廓然：广大。

太虚：泛称天地。

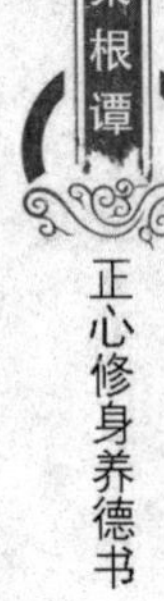

◎ 译文

人类精神的本原就是宇宙精神的本原，也就是人的灵性跟大自然现象是一致的。人在一念之间的喜悦，就如同自然界有景星庆云的祥瑞之气；人在一念之间的愤怒，就如同自然界有雷电风雨的暴戾之气；人在一念之间的慈悲，就如同自然界有和风甘露的生生之气；人在一念之间的冷酷，就如同自然界有烈日秋霜的肃杀之气。人有喜怒哀乐的情绪，天有风霜雨露的变化，有哪些能少呢？不过随大自然的变化随时兴起随时幻灭，对于生生不息的广大宇宙毫无阻碍，人的修养假如也能达到这种境界，就可以和天地同心同体了。

◎ 直播课堂

古人主张天人合一，以为大自然变化和人体内部变化是相对应的。而孔子则借自然之物而喻人生之理。一次，孔子伫立岸边，远望东流而去的江水，对身边的弟子说：“君子见到大水，一定要观看。”子贡问：“为什么呢？”孔子解释道：“水，它普育万物，却不为自己的目的，仿佛有高尚的道德一样。水，向下而流，迂回曲折而又有规律，仿佛大义凛然一样。水流汹涌没有尽头，仿佛坚持根本的原则一样。如果决开堤岸，水就会奔腾流泻，好像回响应声而起，它奔赴百丈深渊而无所畏惧，好像十分勇敢。用水注入仪器来衡量地平面，必定是平的，就好像执法如绳一样。水盛满了，不必用刮平斗斛的工具去刮，就好像天生是正直的一样。它纤弱细小、无微不至，好像明察一切一样。万物经过水的冲洗，必然新鲜洁净，好像它善于教化一样。”

《庄子·知北游》中记叙舜向丞请教时的对话，舜向丞请教说：“道可以获得而据有吗？”丞说：“你的身体都不是你所据有的，你怎么能获得大道并占有呢？”舜说：“我的身体不是由我所有，那谁会拥有我的身体呢？”

丞说："这是天地把形体托给了你，降生人世并非你所据有，这是天地给予的和顺之气凝聚而成，性命也不是你所据有，这也是天地把和顺之气凝聚于你；即使是你的子孙也不是你所据有，这是天地所给予你的蜕变之形。所以，行走不知去哪里，居处不知持守什么，饮食不知什么滋味；行走、居处和饮食都不过是天地之间气的运动，又怎么可以获得并据有呢？"

庄子在这里借舜和丞的口，指出生命和子孙均不属于自身，一切都是自然之气的凝聚和变化。主张"人法自然"，这样才能胸襟开阔。

卓见之人　洞烛机先

◎ 我是主持人

人世间充满各种变化，大多数人面对意想不到的变化只能接受，然后改变自己。而真正的智者，能够事先知道即将到来的变化，从而做好准备。

◎ 原文

遇病而后思强之为宝，处乱而后思平之为福，非蚤智也；幸福而先知其为祸之本，贪生而先知其为死之因，其卓见乎。

◎ 注释

蚤智："蚤"与"早"同，蚤智即先见之明。

幸福：此处幸是非分而得到的意思，幸福是指侥幸得到的幸福。

◎ 译文

一个人只有在生过病之后才能体会到健康的可贵，只有在遭遇变乱之后才会思念太平的幸福，其实这都不是什么有远见的智慧；能预先知道侥幸获得的幸福是灾祸的根源，既爱惜生命而又能预先明白有生必有死的道理，这样才算是超越凡人的真知卓识。

◎ 直播课堂

孔子游览泰山，看见荣启期在郊野行走，穿着粗糙皮裘，系着绳索，一面弹琴，一面唱歌。孔子问他："你这样快乐，为的是什么呢?"荣启期回答道："自然生育各种飞禽走兽，昆虫鱼虾，只有人最尊贵。我能够做人，这是天下第一快乐事。"孔子似乎受到启发。一次，孔子的马房失火了，他退朝回家，首先便问："烧伤了人没有?"而不问马有没有烧伤。荣启期之快乐于做人，孔子之焦急于问人，正是看到了人的智慧、高贵和力量，这智慧、高贵和力量使人如此尊贵，把生命看得如此重要，同时又能把生与死的道理看破，把成与败的因果看清，才算得超越凡人的真知卓见。

以我转物　天机理境

◎ 我是主持人

当今社会，出现了不同的人群，"房奴""车奴""卡奴"……他们都是被外物驱使，而失去了真正的自我，这样的人在现实面前最终只能迷失了自己。

◎ 原文

无风月花柳，不成造化；无情欲嗜好，不成人伦。只以我转物不以物役我，则嗜欲莫非天机，尘境即是理境矣。

◎ 注释

以我转物：以自我为中心，将一切外物自由自在地运用。

以物役我：以物为中心，而人成了物的奴隶，为物所驱使。

天机：天然的妙机。《庄子·大宗师》篇："其嗜欲深者，其天机浅。"

◎ 译文

大地如果没有清风明月和花草树木就不成大自然，人类如果没有感情欲望和生活嗜好就不成真正的人。所以我们要以我为中心来操纵万物，绝对不能让物为中心来奴役驱使自己，如此一切嗜好欲望都会成为自然的天赐，而一般的世俗情感也都变为顺理成章的理想境界。

◎ 直播课堂

有位修行僧问南泉和尚："大师，你还有未跟人说过的法吗？"南泉答："有。""是什么？"僧人问。南泉答道："不是心，不是佛，不是物。"南泉又自言自语道："江西的马大师说过即心即佛，我就不这么说，我只说不是心、不是佛、不是物，这难道有错吗？"本质是相同的，表现则各有千秋。禅是关心本质，本质是自然天成。

扫除外物　直觉本来

◎ 我是主持人

人怎么能够探寻到自己的本真呢？古人给出的答案就是，正视自己，减少欲望，不要被世俗的各种诱惑所引诱。

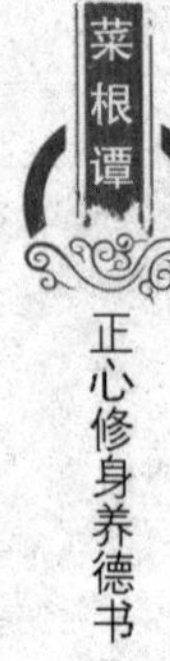

◎ 原文

人心有部真文章，都被残编断简封固了；有部真鼓吹，都被妖歌艳舞湮没了。学者须扫除外物，直觅本来，才有个真受用。

◎ 注释

残篇断简：把书写在竹片上叫简，指古代遗留下来的残缺不全的书籍。此处指物欲杂念。

鼓吹：古代用鼓、钲、箫、笳等合奏的乐曲，泛指音乐。

真受用：真正的好处。

◎ 译文

人们的心中本有一部真正的好文章，可惜却被物欲杂念给封闭了，人的心灵深处本有一首最美妙的乐曲，可惜却被一些妖邪的歌声和艳丽的舞蹈给迷惑了。所以一个有学问的读书人，必须排除一切外来物欲的引诱，直接用自己的智慧寻求本性，如此才能求得一生受用不尽的真正学问。

◎ 直播课堂

《论语》说：兴趣广泛，学习多种多样的知识，同时又要坚守自己的志向，认定目标百折不挠地努力。又说：人的追求不宏大，或信念不坚笃，都不行。为什么？朱熹解释说：人学有所得但眼界太狭隘，就会固执一孔之见；相反广闻博见而守不住自己的志向，则会一事无成。

《论语》所谓“博学而笃志”，所谓“执德不弘，信道不笃，焉能有为，焉能无为”，就是一种最科学的读书治学的原则和鉴戒。尤其在现代社会，信息流通量大，新知识层出不穷，各门学科经典林立，发展很快，我们既要广博地吸收有关的新知识、新成果，以期追随现代科学发展的步伐；又要认定自己的学习目标，把握住一定的主题和中心，一以贯之，锲而不舍，使自己学有专长。

《庄子·天下》篇中悲叹道术受到诸家学派的分割与破坏，庄子说：“天下大乱了，圣人贤人不得重用，关于道德说法不一，天下大都各自抓住一孔之见来自以为是。就像耳目鼻口，都懂得某一方面，却不能互相贯通。又像诸子百家、各种工匠，都有自己的特长，时不时就能派上用场。不过，他们都不完备、不全面，是些只知某个局部的人士。他们割裂天地的完美，离析万物的道理。我们看那些知识非常全面的古人，还很少能具备那天地的完美，也很少能和那神明的容貌举止相称。所以使人内心圣明，对外成就王业的大道，就暗淡无光，被压制而不能发扬。天下的人们，随心所欲，各立主张。可悲啊！诸子百家，各走各的道而不回头，必然合不起来。后世的学者，不幸不能见到天地的精华，古人的全貌、道术就要被天下的人们割裂了！”

由此可见，人间真理和真学问无待他求，只有直接向自己心灵深处寻找，因为自己内心一定有一个属于本然之性的真理和真学问，这就是通常所说的良知。

心体光明　念勿暗昧

◎ 我是主持人

一切由心而生，内心光明，看到的一切也都是光明的，内心黑暗，周围的一切也是背光绝望的。把握内心，才能把握人生。

◎ 原文

心体光明，暗室中有青天；念头暗昧，白日下有厉鬼。

◎ 注释

心体：指智慧和良心。

暗室：隐秘不为他人所见的地方。

暗昧：不光明叫昧。指阴险见不得人。

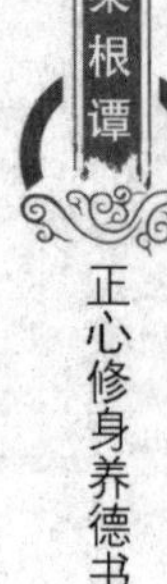

◎ 译文

一个心地光明磊落的人，即使立身在黑暗世界，也像站在万里晴空之下一样。一个人的欲念邪恶不端，即使生活在青天白日之下，也像被厉鬼缠身一般终日胆战心惊。

◎ 直播课堂

《庄子·庚桑楚》中强调人要保持心境的安泰，不能让外物扰乱了自己的磊落光明。文中说：备足造化的事物而顺应成形，深敛外在情感不做任何思虑而使心境快活富有生气，谨慎地持守心中的一点灵气用以通达外在事物，像这样做而各种灾祸仍然纷至沓来，那就是自然安排的结果，而不是人为所造成的，因而不足以扰乱心性，也不可以纳入灵府。灵府，就是有所持守却不知道持守什么，并且不可以着意去持守的地方。不能表现真诚的自我而任随情感外驰，虽然有所表露却总是不合时宜，外事一旦侵扰心中就不会轻易离去，即使有所改变也不会留下创伤。在光天化日下做了坏事，人人都会谴责他、处罚他；在昏暗处隐蔽地做下坏事，鬼神也会谴责他、处罚他。对于人群清白光明，对于鬼神也清白光明，这之后便能独行于世。

心境如月　空而不着

◎ 我是主持人

人生在世，不可避免地要受到外界的各种影响，有的人因此动摇了自己，而有的人仍然坚持自我，那是因为他们的心态不同。

◎ 原文

耳根似飙谷投音，过而不留，则是非俱谢；心境如月池浸色，空而不着，则物我两忘。

◎ 注释

耳根：佛家语，佛家以眼、耳、鼻、舌、身、意为六根，耳根为六根之一。

飙谷：飙，指自下至上的风暴。飙谷，指大风吹过山谷。

月池浸色：月亮在水中的倒影所映出的月色。

物我：外物和自我。

◎ 译文

耳根假如像大风吹过山谷一样，经一阵呼啸之后什么也没有，这样所有流言蜚语都不起作用；心灵假如能像水中的月亮一般，月亮既不在水中，水中也不留月亮，云来月掩，水仍是水，月仍是月，人要达到这种境界，心中自然也就一片光明而无外物和自我之分。

◎ 直播课堂

有一次，一个叫貉稽的人，与孟子谈话，他告诉孟子，自己总是被人说得很坏。孟子回答得很干脆，孟子说："无伤也，士僧兹多口。""无伤"，就是没有关系。

孟子还举出《诗经》中"不消灭别人的怨恨，也不失去自己的名声"这两句诗作佐证，进一步说明为什么没有关系。孟子的意思很清楚，那就是，面对那些飞短流长，关键还在我们自己，关键是我们要不把它当回事，不要用别人的是非之论来烦扰自己。爱传流言道是非的人，本就是小人。小人终归是小人，你想让他不在背后说三道四、七嘴八舌，于他不可能，于你也做不到，小人之口是堵不住的。而且堵了今日还有明日，塞住这一个还有那一个。

诗之灵感　不可言传

◎ 我是主持人

有句话叫“只可意会，不可言传”，无论是文思泉涌的时候，还是陶醉自然的时候，这种感觉都只能是当事人自己知道，而无法对别人诉说。

◎ 原文

诗思在灞陵桥上，微吟就，林岫便已浩然；野兴在镜湖曲边，独往时，山川自相映发。

◎ 注释

灞陵桥上：灞陵桥在今西安市东，古人多在此送别。

林岫：林指山林，岫指峰峦。

浩然：广大。

镜湖：在浙江省绍兴会稽山北麓。

◎ 译文

诗的灵在寂寞的原野上出现，当文思涌出、诗性奔发时，仿佛广大的山林也感染了诗意；大自然的情趣充满山水之间，当独自漫步在湖边时，清澈的水面倒映着层层山峰，那种景色真令人陶醉。

◎ 直播课堂

唐代郑启善诗，有人问他：“相国最近可有新作？”他答曰：“诗兴在灞桥风雪中，驴子背上怎能得到？”是呀，离开大自然的熏陶，就难有如泉涌的诗兴。庄子在《知北游》中也说："知道的人不说，说的人不知道，所以圣人施行的是不用言传的教育。道不可能靠言传来获得，德不可能靠谈话来达到。没有偏爱是可以有所作为的，讲求道义是可以补偿残缺的，而礼仪的推行只是相互虚伪欺诈。所以说：'失去了道而后能获得德，失去了德而后能获得仁，失去了仁而后能获得义，失去了义而后能获得礼。礼，乃是道的伪饰、乱的祸首。'所以说：'体察道的人每天都得清除伪饰，清除而又再清除以至达到无为的境界，到达无所作为的境界也就没有什么可以作为的人。'如今你已对外物有所作为，想要再返回根本，不是很困难吗？假如容易改变而回归根本，恐怕只有得道的人啊！"

第二章
克己自省，静待花开

曾子曰：“吾日三省吾身——为人谋而不忠乎？与朋友交而不信乎？传不习乎？” 可见智者将自省放到很高的位置，通过反省自己日常的一言一行，来时刻提醒自己保持德行。《菜根谭》中有很多就是教导人们克己自省，只要做到严格要求自己，时刻反思，就一定能提高自己的修养。

降魔降心　驭横驭气

◎ 我是主持人

人怎么才能改变世界呢？其实还要从改变自己开始，只要自己变得正直善良，那么就会有力量对抗外界的纷扰，以至改变外界。

◎ 原文

降魔者先降其心，心伏则群魔退听；驭横者先驭其气，气平则外横不侵。

◎ 注释

降魔：降，降服。魔的本意是鬼，此处当修行障碍解。

退听：指听本心的命令，又当不起作用解。

驭横：控制强横无理的外物。

气：当情绪解。

◎ 译文

要想制服邪恶必须先制服自己内心的邪念，自己内心的邪念降服了，其他一切邪恶也自然都不起作用而退却。要想控制不合理的横逆事件，必须先控制住自己容易浮躁的情绪，自己的情绪控制住以后自然不会心浮气躁，到那时所有外来的横逆事物自然不能侵入。

◎ 直播课堂

老子说："自制者强""强行者有志"，的确是千古不变的至理。一个人首先要认识自我，但认识自我并不是最终的目的，认识到自己的劣根性以后，就要根除自己的劣根性，认识自我就是为了战胜自我。

培养自己的克制力和意志，与发展自己的智力同样重要。如果没有强迫自己干完一件好事情的自制力，那么任何理想都不能实现，不管你有多么聪明。应当说，强制自我完善和心性修养，达到精神境界的升华在今天仍有其积极意义。

脱俗除累　超凡入圣

◎ 我是主持人

什么是成功？有人说干一番惊天动地的大事业，有的人说成为道德高尚的圣人，其实这些都不能代表全部的成功。因为，每个人对于成功的定义都是不一样的。

◎ 原文

作人无甚高远的事业，摆脱得俗情便入名流；为学无甚增益的工夫，减除得物累便臻圣境。

◎ 注释

俗情：世俗之人追逐利欲的意念。

物累：心为外物所牵累，也就是思想遭受物欲等杂念干扰。

圣境：是指至高无比的境界。

◎ 译文

做人并不是非要懂得什么高深的大道理，一定要干大事业才行，只要能摆脱世俗的利欲意念就可以跻身名流；要想求到很高深的学问，并不需要特别的秘诀，只要能排除外界的干扰，清心寡欲，就可以超凡入圣。

◎ 直播课堂

刘向说："书犹药也，善读之可医患也。"一个时代有一个时代的书籍，一个时代有一个时代的愚昧。战国末期，《诗经》《尚书》《乐经》《礼经》《春秋》是那个时代的经典，《尚书》记载了先古的故事，《乐经》记载了谐和音律，《礼经》记载了法律总则、礼节仪式，《诗经》知识广博，《春秋》微言大义，这些书把天地间的各种事理记载得十分完备了。所以，医治那个时代的蒙昧，塑造那个时代的人杰，这些书是非看不可的。在当今社会里，如果你要当政治家、文学家、科学家，或者律师、教师、经理、企业家，首先你必须读书。不断地读书，有成就的人是靠大脑吃饭的，大脑没有精神食粮的不断供养，是会枯萎的。

宠利毋前　德业毋后

◎ 我是主持人

人世间有太多的诱惑，人能做到的就是克制自己的欲望，少一些贪求，多一些修为，唯有这样，才能达到人生的平衡。

◎ 原文

宠利毋居人前，德业毋落人后，受享毋逾分外，修为毋减分中。

◎ 注释

宠利：荣誉、金钱和财富。

德业：德行，事业。

修为：品德修养。修是涵养学习。

分：指范围。

◎ 译文

追求功名利禄时不要抢在他人之前，进行品德修养创办事业时不要落在他人之后，享受物质生活时不要贪图超过自己允许的范围，修养品德时不要达不到自己分内所应达到的标准。

◎ 直播课堂

《孟子·离娄下》篇曾提出“禹、稷、颜回同道”的观点，说：“禹、稷当平世，三过其门而不入，孔子贤之。颜子当乱世，居于陋巷，一箪食，一瓢饮，人不堪其忧，颜子不改其乐，孔子贤之。”在孔子所称为“贤”的两种人中，包含了他的两大理想：立功与立德。立功就是推行仁道，造福天下，实现大同世界；立德则是建立一种乐道自足的强大的精神境界，富贵贫贱，始终如一。

人生的一切欲望，归纳起来有两种：精神欲望和物质欲望。为了满足这两种欲望，相应地就产生了两大追求：精神追求和物质追求。庸人、小人把物质欲望当作人生的全部，所以没有多少精神的追求。君子、贤人精神的欲望特别强烈，但是却也不能没有物质的欲望，所以他们得承受这两种欲望，他们比庸人、小人多承受一份根本的人生痛苦，只是他们最终能以精神欲望居于主导地位，达到一种具有伟大包含力的崭新的心理和谐。这种有伟大包含力的崭新和谐，就是“安贫乐道”。

梦窗国师曾对人说：“我手下有三等弟子，上等弟子皆毫无挂碍地绝断尘缘，专心究明己事，探求真实的自己，为真理而穷追不舍；修行不纯但好学勤勉，所取博杂的是第二等；昧却自己的灵性，一味贪嗜佛祖残涎末教的为下等。至于那些专心致志于佛门之外的杂书，舞文弄墨，自吹自得的便是大俗人一个了。这等人连我手下的下等弟子都不如。更有饱食安眠，放逸度日者，便是末流而已，这种人古人称为衣架饭囊。这种人没有僧性，不可纳为我门弟子，出入山门亦不许可，或者有人说，他也是来入门求道的，和尚怎么可以这么没有慈悲心呢？老僧我始终这样认为：不是我们没有博爱和仁慈之心；佛门所需的只是那种能知过改过，坚持不懈，经得起千锤百炼，足以继承祖先大业的人。”

近朱者赤　近墨者黑

◎ 我是主持人

一个人能成为什么样的人，跟他所处的环境有很大关系，跟德行高的人交往，自己也能变得善良正直；和德行差的人交往，自己也会变得品德低下。

◎ 原文

教弟子如养闺女，最要严出入、谨交游。若一接近匪人，是清净田中下一不净的种子，便终身难植嘉禾矣。

◎ 注释

弟子：此处同子弟。

匪人：泛指行为不正的人。

嘉禾：指长得特别茂盛的稻谷。

◎ 译文

教导子弟，要像养育一个女孩那样谨慎才行，最关键的是要严格管束他们的出入和注意所交往的朋友。万一不小心结交了行为不正的人，就好像是在良田之中播下了坏种子，从此就可能一辈子也难以长成有用之才。

◎ 直播课堂

孔子说：小时候培养的品格就像是生来就有的天性，长期形成的习惯就像是完全出自自然。人的性情本来很近，但因为习染不同便相差很远。所以对自己的习染不可不谨慎。《列女传》上记载孟母教子的故事，很能说明这一问题。孟轲的母亲，很懂得人的道德学问是逐渐养成的，所以对孟轲平时生活和学习上的细节十分重视，通过“渐化”的方式培养孟轲的好习惯。起初，孟家离一处公墓不远，小孟轲看了一些送葬人的情景，自己就模仿起来，成天在沙地上埋棺筑墓。孟母看出这地方对孩子影响不好，就搬了家。可搬的地方是一个集镇，小孟轲又学着那些挑提卖货的人吆喝叫卖，孟母只有又搬家。这次搬到了一所学校附近，小孟轲模仿学校的孩子们，在游戏中摆弄俎豆祭器，学习揖让进退的礼仪，孟母才终于放心地说：“这是我孩子可以居住的地方!”

可孟轲上学以后，有点贪玩，进步不大。有一次孟母问他：“学习得怎么样?”孟子回答说：“还是那个样。”孟母听后，拿过剪刀就剪断了织机上的线，说：“你荒废学业，就像我割断织机上的线，布就织不成了一样，不好好学习，以后就只有成为供人使唤的下人。”孟轲从此拜孔子孙子的学生为师，勤奋学习，终于成为著名的儒家宗师。

欲路不染　理路当先

◎ 我是主持人

有两件事对人生特别重要，一是不贪，二是理智。不贪恋世俗，才能保持心性高洁，理智处事才能追求正确的事业。

◎ 原文

欲路上事，毋乐其便而姑为染指，一染指便深入万仞；理路上事，毋惮其难而稍为退步，一退步便远隔千山。

◎ 注释

欲路：泛称有关欲念、欲望，也就是佛家所说的“欲烦恼”的意思。

染指：喻巧取不应得的利益。

仞：古时以八尺为一仞。

理路：泛称有关义理、真理、道理。

惮：害怕。

◎ 译文

关于欲念方面的事，绝对不要贪图轻易可得的便宜，不合理地占为己有，一旦贪图非分享乐就会坠入万丈深渊；关于义理方面的事，绝对不要由于害怕困难，而产生退缩的念头，因为一旦退缩就会和真理正义有千山万水之隔。

◎ 直播课堂

《庄子·天下》篇中主张寡情少欲，希望社会平和安宁，其中有这样一段话：“不受世欲的拘束，待人接物不装腔作势，对人一丝不苟，不违逆众人的意愿，希望天下安宁以保全人民的生命，对人对己，吃饱穿暖就感到满足，以此表白其心。古人有关这一方面的学问，宋钟、尹文听说了就高兴。他们做了上下均平的华山帽来象征自己的志愿，对待万物，抛弃偏见，以此作为开始。谈论心的思维，命名为心理活动。谦柔退让来求人喜欢，以此来调和各种纠纷，他们把这种态度作为行动的基础。受了欺侮不认为是耻辱，制止人民争斗，反对进攻别人，主张解散军队，要把这个世界从战火之中拯救出来。他们用这一套周游天下，上劝说君主，下教育别人，尽管人家不理他们，他们还是喋喋不休，所以说被上上下下讨厌，却还强要表现。”

人的欲望是一个客观存在，刻意去压抑是和社会进步不相应的，但是过分去放纵情欲就容易迷失本性，不加限制，会贪图非分享乐，陷入欲念深渊。

律己宜严　待人宜宽

◎ 我是主持人

《菜根谭》告诫我们：对待自己，最好要求严格，这样才能不断进步；对待别人，最好宽厚仁慈，这样才能结交友人。

◎ 原文

人之过误宜恕，而在己则不可恕；己之困辱宜忍，而在人则不可忍。

◎ 注释

恕：宽恕、原谅。

困辱：困穷、屈辱。

◎ 译文

别人的错误和过失应该多加宽恕，可是自己有过失和错误却不可以宽恕；自己受到屈辱时应该尽量忍受，可是别人受到屈辱就要设法帮他消解。

◎ 直播课堂

星云法师在论述“如何与人相处”时说：“在人群中如何与人和睦相处，有四句话供大家参考：忍一句，祸根从此无生处；饶一着，切莫与人争强弱；耐一时，火坑变作白莲池；退一步，便是人生修行路。”下面一则故事，也是说明师徒配合默契的范例。翠微和尚曾在恩师雪峰的禅院里任首座，有一天，正好是夏安居的终日，他对众僧说：“安居期九十天里，我都在给兄弟们说法，我很担心说得过多会蒙受我佛之罚，落得个眉发脱落的下场。请你们帮我看一下我还有没有眉毛。”传说有一位和尚说错了法，受佛灵之罚，眉毛全部掉净了。同门的保福和尚说：“做贼才心虚。”长庆道：“不仅没掉，还越长越密了。”云门最后说：“关。”“关”指整体的功用。其道理在于连自己都忘却了，就达到了天人合一的化境。三位长老的回答中，只有这个“关”字甚是够力，回味无穷。

专势弄权　欲火自焚

◎ 我是主持人

一个人如果不善于自省，就会被世俗所诱惑，一旦有了欲望之心，便会越来越不能克制自己，最终走向不可逆转的深渊。

◎ 原文

生长富贵丛中的，嗜欲如猛火，权势似烈焰。若不带些清冷气味，其火焰不至焚人，必将自焚。

◎ 注释

嗜欲：多指放纵自己对酒色财气的嗜好。

◎ 译文

一个生长在豪富权贵之家的人，丰富的物质享受，会令人养成各种不良嗜好和喜欢作威作福的个性，但不好的嗜好对人的危害犹如烈火，专权弄势的脾气对心性的腐蚀犹如凶焰，假如不及时给一点清凉冷淡的观念来缓和一下他强烈的欲望，那猛烈的欲火虽然不致使人粉身碎骨，终将会让心火自焚自毁。

◎ 直播课堂

一个人生长在富贵之家，物质享受方面可说应有尽有，因而养成了不良嗜好和喜欢作威作福的个性，尤其是作威作福、专权弄势，对人的腐蚀就好像凶焰，早晚会引火自焚。史书曾记载这样一则故事：钟会、邓艾以两路大军攻灭西蜀，而钟会心生反意，想要据险自守，做个刘备第二，进而兵临长安灭魏，再起兵灭吴，一并天下于自己一人之手。但是担心邓艾与自己作对。怎么办呢？钟会想到告伪状的方法，几次密报司马昭，说邓艾心存反意。司马昭毕竟是谋略场的老手，他虽然担心邓艾逆反，对钟会却也有疑惧之意。接到钟会的密报，他对钟会真正用意就了如指掌了。他写信告诉钟会说："邓艾有可能据兵自守，所以我派贾充领兵一万入斜谷，前去援助你。我自己领兵十万在长安，随时准备接应。"司马昭另派新兵之意当然不是为了邓艾，而是为了钟会。钟会也不是呆子，他见司马昭信便知是司马昭对自己起了疑心，便仓促行事，拥兵而反，最后被杀身亡了。本想告假状陷害邓艾，使自己阴谋得逞，不想被司马昭察觉而自陷死地。

这正如老子所说："祸莫大于不知足，咎莫大于欲得。"一个人的欲望好比是烈火，理智好比是凉水，凉水可以控制烈火，理智可以控制欲望。当火势与个人欲望达到一定程度时，物就会枯焦，人就会粉身碎骨，所以人必须加强道德修养，缓和自己的强烈欲望使自己健康地行走在人生的大道上。

明知故犯　改邪归正

◎ 我是主持人

克制自己是一件很难的事情，很多时候我们知道自己在做错误的事，但理智却不起作用。只有真正能克制自己的人，才是有坚强意志力的智者。

◎ 原文

当怒火欲水正腾沸时，明明知得，又明明犯着。知得是谁，犯着又是谁？此处能猛然转念，邪魔便为真君子矣。

◎ 注释

邪魔：邪恶的魔鬼，指欲念。魔是梵语“魔罗”的简称。

真君：指主宰万物的上帝。

◎ 译文

当一个人的怒火上升、欲念像开水一般在心头翻滚时，虽然他自己明知这是不对的，可是他又眼睁睁地不加控制。知道这种道理的是谁呢？明知故犯的又是谁呢？假如当此紧要关头能够突然改变观念，那么邪恶的魔鬼也会变成慈祥的主宰万物的上帝了。

◎ 直播课堂

庄子在《在宥篇》中引用老子的话说明人的精神寄托在于慎重，不刺激人心，要静而不躁。书中是这样叙述的：

崔瞿向老聃（即老子）问道："不治理天下，人的精神将如何寄托？"

老聃说："你要慎重，不要刺激人心。人心，你压它就下沉，举它就上浮，下沉像被囚，上浮像冲杀；你姿态绰约，就会使刚强的心变得柔弱。一个人心理尖利刻薄，浮躁起来如烈火，冷淡下来如结冰。心的变化迅速，转瞬之间就可往返四海之外。不动时，安静得像深渊；动起来，就浮躁得要上天。变化多端而难以制约的，大概就只是人的心啊！"

偏信自任　皆所不宜

◎ 我是主持人

人生在世，一定要学会掌握平衡，既不要过分听信别人的话，又不要刚愎自用，既不要急功近利，又不要消极避世。

◎ 原文

毋偏信而为奸所欺，毋自任而为气所使，毋以己之长而形人之短，毋因己之拙而忌人之能。

◎ 注释

自任：自信、自负、刚愎自用。

气：发扬于外的精神，此处指一时的意气。

形：对比。

◎ 译文

不要误信他人的片面之辞，以免被奸诈之徒所欺骗；不要过分自信自己的才干，以免受到一时意气的驱使；不要仰仗自己的长处去对比宣扬人家的短处；尤其不要因为自己的笨拙，就嫉妒他人的聪明才智。

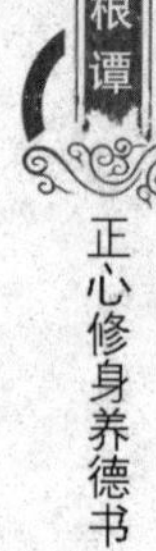

◎ 直播课堂

如何识人？孟子对齐宣王说过的一段话，值得我们汲取。孟子说："国君选拔人才要慎重，左右亲近的人都说某人好，不可轻信；众位大夫都说某人好，也不可轻信；全国的人都说某人好，然后去了解，发现他真有才干，再任用他。左右亲近的人都说某人不好，不可听信；众大夫都说某人不好，也不可听信；全国的人都说某人不好，然后去了解，发现他真不好，再罢免他。"识人不是一件容易的事，应该慎重对待。

消弭幻业　增长道心

◎ 我是主持人

怎么能克制自己的欲望呢？人可以在欲望之火燃烧的时候，想想不加克制会产生的严重后果，这样能在一定程度上减弱欲望。

◎ 原文

色欲火炽，而一念及病时，便兴似寒灰；名利饴甘，而一想到死地，便味如咀蜡。故人常忧死虑病，亦可消幻业而长道心。

◎ 注释

幻业：为佛家术语，是梵语"羯魔"的意译，本指造作，凡造作的行为，不论善恶皆称业，但是一般都以恶因为业。

道心：指发于义理之心。据《朱子全书·尚书》篇："人心，人欲也；道心，天理也。"

◎ 译文

当色欲像烈火一样燃烧起来时，只要想一想生病时的痛苦情形，烈火就会立刻变得像堆冷灰；当功名利禄像蜂蜜一样甘甜时，只要想一想触犯刑律而走向死地的情景，那功名财富就会像嚼蜡一般无味。所以一个人要经常思虑疾病和死亡，这样也可以消除一些罪恶而增长一些进德修业之心。

◎ 直播课堂

孔子说："只有十户人家的小地方，一定会有像我这样忠信的人，只是没有像我这样好学的人。"汉代匡衡，酷爱读书，但家境贫寒，晚上无烛，便在墙壁上凿一小孔，借着邻居的烛光而读书。汉代孙获，刻苦好学，朝夕不已。读书欲睡，便以绳子一头系上头发，一头悬于屋梁，头垂而发牵，以痛驱逐睡意。严明人孙康，性敏好学，家贫无钱买油点灯。为读书，孙康不顾严寒，于冬日月夜，映着雪光刻苦学习，时人传为美谈。南朝人刘绮，早孤家贫，买不起灯烛。为能夜读，买下很多的荻柴，折断成杆，晚上点燃荻杆，就火苦读，终于成为一个很有学识的人。"头悬梁""锥刺股"的故事本是说明刻苦好学的，实际上也给人们另一个启示：人生在世，应自控制，制服欲望，进而增长德业。

身放闲处　心安静中

◎ 我是主持人

人总会受周围环境的影响，而安然自在的环境有助于陶冶身心，让身心都处在安静平衡的状态下，对修身养性大有好处。

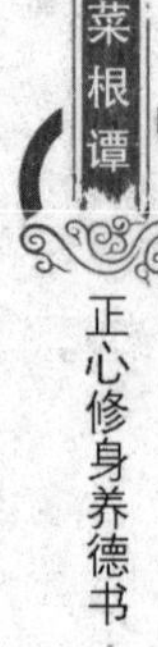

◎ 原文

此身常放在闲处，荣辱得失，谁能差遣我？此心常安在静中，是非利害，谁能瞒昧我？

◎ 注释

瞒昧：隐瞒实情。

◎ 译文

只要经常把自己的身心放在安闲的环境中，世间所有的荣华富贵、成败得失都无法左右我；只要经常让自己的身心处在安宁清静的环境中，人间的功名利禄与是是非非就不能欺蒙我。

◎ 直播课堂

有一次，信奉阴阳学说的景春对孟子说："当今的公孙衍和张仪难道不是真正的大丈夫吗？他们一发怒，那些诸侯便都害怕得安静下来，天下便太平无战。"孟子不同意这说法，他说："这怎么称得上是大丈夫呢？一个人应居住于天下最宽广的位置，那就是'仁'；要站立在最正确的位置，那就是'礼'；该行走于最光明的大道，那就是'义'。得志，便与百姓循道而进；失意，也能独自坚持自己的原则。富贵不能乱我心，贫贱不能改我志，威武不能屈我节，这才叫作大丈夫。有节操者方可称丈夫。"由此看来，节操也就是人的气节与操守。一腔正气，可贯长虹，不虚饰，不苟且，不贪恋荣华富贵，不惧怕权势强力，不为全身而偷生，不为五斗米而折腰，这就是气节。知正道而持行不怠，守本性而遗世独立，行仁仗义，依理遵道，这就是操守。人之节操，存于内则为仁德，化于外则为坚贞，执于行则成义礼，达于人则为典范，说到底，立命处世，节操是人之根本。

《庄子·田子方》中有段肩吾与孙叔敖的对话，就像循循善诱的师训，润人心田。

肩吾向孙叔敖问道："你三次出任令尹却不显出荣耀，三次被罢官也没有露出忧愁的神色，起初我对你确实不敢相信，如今看见你容颜是那么欢畅自适，你的心里究竟是怎样的呢？”

孙叔敖说：“我哪里有什么过人之处啊！我认为官职爵禄的到来不必去推却，它们的离去也不可以去阻止。我认为得与失都不是出自我自身，因而没有忧愁的神色罢了。况且我不知道这官爵是落在他人身上呢，还是落在我身上呢？落在他人身上嘛，那就与我无关；落在我身上嘛，那就与他人无关。我正心安理得悠闲自在，我正踌躇满志四处张望，哪里有闲暇去顾及人的尊贵与卑贱啊！”

辟众善路　以弭恶源

◎ 我是主持人

自我反省具有很强的力量，经常自我反省的人在不知不觉中，就会提高自己的修为，当面对外物干扰的时候，就能做到意志坚定。

◎ 原文

反己者，触事皆成药石；尤人者，动念即是戈矛。一以辟众善之路，一以浚诸恶之源，相去霄壤矣。

◎ 注释

反己：反省自己，以正确待人。

药石：治病的东西，引申为规诫他人改过之言。《左传》中有“孟孙之恶我，药石也”。

尤：埋怨。如《道德经》中有“夫唯不争，故无尤”。

浚：开辟疏通。

◎ 译文

一个经常做自我反省的人，他日常不论接触任何事物，都会变成修身戒恶的良药；一个经常怨天尤人的人，只要思想观念一动就像是戈矛一样带来杀气指向别人。可见自我反省是使一个人通往善行的途径，而怨天尤人却是走向各种奸邪罪恶的源泉，两者之间真是有天壤之别。

◎ 直播课堂

曾子说："我每天都要多次地反省自己：替别人办事是否尽心尽力了呢？朋友交往是否诚实呢？老师传授给我的学业是否反复温习实行了呢？"

曾参是孔子晚年招收的弟子。他比孔子小四十六岁，是个大孝子，孔子看中了这一点，认为他能通达孝道，就把他招为学生，教了他不少知识。这个人的特点是庄敬谨慎。他做学问，"以修身守约为宗旨"，主要发挥儒家心性修养方面的思想。

有一个用反省法来修养自己的好例子，宋代瑞严和尚每天都要问自己："你头脑清醒吗？"然后自己回答说："清醒。"这样才算安心。这样自我警醒、细细问心，受到朱熹和张岱的肯定。

闲莫放过　静不落空

◎ 我是主持人

人在享受安静清闲的同时，固然让身心放松，陶冶性情，但也不要忘记提高自己，做些有意义的事情。

◎ 原文

闲中不放过，忙中有受用。静中不落空，动中有受用。暗中不欺隐，

明中有受用。

◎ 注释

受用：受益，得到好处。《朱子全书》中有“认得圣贤本意，道义实体不外此心，便自有受用处耳”。

◎ 译文

在休闲的时候不要轻易放过宝贵的时光，最好利用这闲暇时间做一些事情，待到忙碌紧张时就会有受用不尽的感觉；当安闲平静的时候也不要忘记充实自己的精神生活，以便为后来有艰巨工作时做好准备，等到大批量的工作一旦到来，才会有应对自如的感觉；当一个人静静地在无人之处，也能保持光明磊落的胸怀，既不产生任何邪念也不做任何坏事，那他在众人面前、在社会、在工作中都会受到人们的尊敬。

◎ 直播课堂

《碧岩录》中有一则“倒一说”的故事。过程是，有位僧人问云门和尚：“不是目前机，亦非目前事时如何？”云门答道：“倒一说。”既不是眼下就有机用，也并非马上就要处理的事，这种时候应该干什么？如果对象、对方在眼前，你可以见机行事；现在对方已不见，这“倒一说”就行不通了。这时该如何应对呢？云门的回答是：修炼自己，做好准备自己对自己说法，这就是“倒一说”。俗话说：“君子慎独，服人先服己，严于律己。”就是要求在眼前无事之时，好好锤炼自己，提高自身的素养。自己对自己的说教，这也是佛教的一种修炼方法。

彻见真性　自达圣境

◎ 我是主持人

有的人每天唉声叹气，觉得自己缺这少那，但如果满足了他的欲望，他还会有更高的欲望出现。而本性纯真的人，即使粗茶淡饭，也会觉得满足。

◎ 原文

羁锁于物欲，觉吾生之可哀；夷犹于性真，觉吾生之可乐。知其可哀，则尘情立破；知其可乐，则圣境自臻。

◎ 注释

羁锁：束缚。

夷犹：流连。《楚辞·九歌·湘君》：“君不行兮夷犹。”

臻：到达。

◎ 译文

一个终日被物欲所困扰的人，总觉得自己的生命很悲哀；只有流连于本性纯真的人，才会感觉生命的真正可爱。明白了受物欲困扰的悲哀以后，世俗的情怀可以立刻消除；明白了流连于真诚本性的欢乐，圣贤的崇高境界自然会到来。

◎ 直播课堂

儒家所崇尚的最高境界是仁。孟子讲仁，他说：“仁就是人。”又说：

"'仁和人'合起来，就是道，就是立身之本。"

仁是人，以仁律己，就是把自己当人看，守仁就是守住自己，守住自己的真性情。道即人道，重道也就是重人，世界是人的世界，得道即是得人，得道就是得世界。以此修身，我们就会珍惜自己，珍惜生命，把人生看成一个美丽的、使人及人的世界不断完善的过程。以此养性，我们就会不以物喜，不以己悲，心平气和，精神旷达。不惧死，不偷生，泰山崩于前而色不变，临渊履冰而心不惊。人是自然的化育，来于尘土，终会归于尘土。生死本相依，生由不得我，死我亦不能抗拒，所以生亦乐事，死亦乐事。归根结底，威武不能屈的是真性情，富贵不能淫的是人本性，贫贱不能移的是真人生。

脱俗是奇　绝俗是偏

◎ 我是主持人

修身养性是很自然的事情，不需要刻意而为之，那些标榜追求高尚节操的人，往往特立独行。殊不知，这已经南辕北辙了。

◎ 原文

能脱俗便是奇，做意尚奇者不是奇而为异；不合污便是清，绝俗以求清者，不为清而为激。

◎ 注释

脱俗：不沾染俗气。

异：特殊行为，标新立异。

◎ 译文

思想超越一般人又不沾染俗气的人就是奇人，可是那种故意标新立异的人并非奇人而是怪异；不愿与人同流合污就算是清高，可是为表示自己清高而和世人断绝来往，那就不是清高而是偏激。

◎ 直播课堂

哀公说："请问，什么样的人是士人？"孔人回答："所谓士人，即使他们不能完全了解治国的原则方法，但一定是有所遵循的；即使不能做到尽善尽美，但一定是有所坚持的。因此，知识不要求多，但一定尽力审察他所认识的是否正确；话语不要求多，但一定尽力审察他所经历的作为。所以，他懂得已经知道的那些知识，讲已经说过的那些话语，做已经经历过的那些事情，那么就如同生命体肤一样都是不可变更的了。所以富贵也不足以再增加什么，卑贱也不足以再损失什么，如果这样，就可以称之为士人了。"士人说话有板有眼，做事情有根有据，他信奉的是原则和方法，他清楚地知道自己所作所为的结果，为了一个目标，他会执着地追求下去。他投入了很多，不一定有预期的收获，但他还会不断地投入。

只要思想不沾染俗气，就容易悟出真理，即使"门有孙膑铺，家有父挚妻"，对于佛都没有障碍。一个僧人问赵州和尚："久闻赵州石桥的大名，可到这里一看，只见到一座小桥。"赵州和尚说道："你只见木桥，没看到石桥。""那么赵州石桥是什么呢？"赵州和尚回答道："这座桥既可过驴也可过马。"从石桥中赵州和尚看到了菩萨出于慈悲之心自己主动轮回于六道之中，勤勉于下座行的精神。石桥自身遭驴踏马践，在默默显示着大悲之心。佛教之中的"大悲阐提"指的就是上述情形。阐提是无佛性的意思。本来指那些信奉小乘佛教而不能成佛的教徒，而在大乘佛教中，大慈大悲的菩萨立誓在拯救一切众生之前绝不成佛，愿意到异类中去行佛道。赵州和尚在另外一次被提及同样的问题时，没有回答度驴度马，而只回答道："过来，过来！"你自己主动地从石桥上走过来吧！到驴马等物中去行道济世吧，这才是一个真正的禅者首先应该做的事情。

舍毋处疑　恩不图报

◎ 我是主持人

处事的时候，一定要果断，一旦做出了决定就不要后悔。为人的时候，必须真诚，帮助了别人不要奢求回报。

◎ 原文

舍己毋处其疑，处其疑即所舍之志多愧矣；施人毋责其报，责其报并所施之心俱非矣。

◎ 注释

舍己：就是牺牲自己。

毋处其疑：不要存犹疑不决之心。

◎ 译文

假如一个人在关键时刻需要做自我牺牲，就不应存有计较利害得失的观念，有了这种观念就会对自己要做的这种牺牲感到犹疑不决，那就会使你的牺牲气节蒙羞。一个人想要施恩惠给他人，绝对不要希望得到人家的回报，假如你一定要求对方感恩回报，那连你原来帮助人的一番好心也就会变质而面目全非了。

◎ 直播课堂

一个人为他人做了一件好事，这应该说是一个善举，可他逢人便说："我为某某做了什么什么啦!"也许他不是为了说才去做的，但他逢人便说却成了恶行，因为他利用了自己的一次善举。他不知道一个人并不因为他做了一件好事就是一个善良的人，也不因为他做了一件坏事就成了一个丑恶的人。他不知道一个人做一件好事并不难，难的是一辈子做好事，难的是遭到误解，身处逆境也仍然做好事。他更不知道他为别人做了一件好事，客观上是帮助了别人，主观上却帮助了自己，也就是说，他既是为别人做的，也是为自己做的，他为自己积累了善举。有了这样的想法，一个人才会看重自己所拥有的，看轻自己所没有的，同时看轻自己所拥有的，看重自己所没有的。有了这样的胸怀和气度，一个人才会不宠、不惊、不骄、不躁、不怨、不怒，追求自己所没有的，正确看待自己所追求的。

处处真境　物物真机

◎ 我是主持人

修炼不一定要在寺庙、学堂，只要心中无杂念，在任何地方，都能体会到造物者的神奇，与自然合而为一。

◎ 原文

人心多从动处失真。若一念不止，澄然静坐，云兴而悠然共逝，雨滴而泠然俱清，鸟啼而潇然自得。何地无真境，何物无真机？

◎ 注释

澄然：清澈，也就是心无杂念。

悠然：闲静自得。

潇然：豁达开朗，无拘无束。

真机：接触真理的妙机。

◎ 译文

人的心灵大半是从浮动处才失去纯真的本性。假如任何杂念都不产生，只是自己静坐凝思，那一切杂念都会随着天边白云消失，随着雨点滴落心灵也会有被洗清的感觉，听到鸟语声就像有一种喜悦的意念，看到花朵的飘落就会有一种开朗的心情。可见任何地方都有真正的妙境，任何事物都有真正的妙机。

◎ 直播课堂

赏心悦目、怡情养性的事物到处都是，关键就在于人能不能去发掘和领略。庄子和东郭子在一次交谈中就说过这样一段话，庄子说："道是无穷无尽、无边无际的。让我们顺应变化无为而处吧。恬淡而宁静，漠然而清虚，调豫而闲适。我心志寂寥，想去不知去哪里，回来也不知返归何处，来去不知哪里是归宿。驰骋在虚旷广漠的境域，不知其终极。大道与万物是无界限的，道与物之间有区别是因为具体事物之间有界限，万物之间没有本质的区别是因为有界限的事物中包含了无界限的道。至于说到充盈空虚，衰败灭亡。是道使万物有充盈空虚自己则无盈虚，是道使万物有衰败灭亡自己无衰亡，道使万物有始有终自己则无始终，道使万物有聚合有离散自己则无聚散。"

欲人不知　己先莫为

◎ 我是主持人

有一句话叫作"细节决定成败"，一个人要想时刻光明磊落，就要从身边小事做起，即使周围没有别人，也要严格要求自己。

◎ 原文

肝受病则目不能视，肾受病则耳不能听。病受于人所不见，必发于人所共见。故君子欲无得罪于昭昭，先无得罪于冥冥。

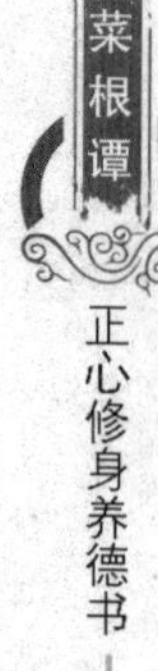

◎ 注释

昭昭：显著，明显可见，公开场合。据《庄子·达生》篇："昭昭乎若揭日月而行也。"

冥冥：昏暗不明的隐蔽场所。《荀子·劝学篇》："无冥冥之志者，无昭昭之明。"

◎ 译文

肝脏感染上疾病，眼睛就看不清；肾脏染上疾病，耳朵就听不清。病虽然生在人们所看不见的地方，但是病的症状必然发作于人们所能看见的地方。所以君子要想做到表面没有过错，必须先从看不到的细微地方下工夫。

◎ 直播课堂

古人讲修身主要是对自我道德的完善，俗话说问心无愧，所谓天知、地知、你知、我知，天网恢恢，疏而不漏。所以儒家教人修养心性，必须要从细处下工夫。史书上记载了这样一则故事：宋朝安潜在蜀地当官时，并不管盗匪的事，蜀人都觉得很奇怪。过了一阵子，安潜提出公库的款项，共一千五百缗，分别放在三个集市中，分别贴出告示说："能告发、逮捕盗贼一人，赏五百缗；告发、逮捕共犯的盗匪，解除他的罪责，赏金与一般人相同。"不久，有人抓了一个盗匪来到官府。这盗匪骂抓他的人说："你与我一起作案十几次，而且一向平分赃物，你凭什么抓我？我看我们会一起死。"安潜说："你既然知道我贴出的告示，为什么不先抓来，那他死，你拿奖赏。既然他抢先了，你被处死了，又有什么好怨恨的呢？"于是下令发给告发者奖金，将被抓的盗匪处死。这么一来，境内盗匪彼此起了疑心，就各自逃到别处去了。以上事情就是说，在别人看不见的情况下，也不要做任何见不得人的事情，因为冥冥之中必然有人监视我们的言行。

自然真趣　恬静中得

◎ 我是主持人

大自然处处是美景，处处是学问，而大多数人都视而不见，那是因为他们缺乏纯真的心地，只有真正有修为的人才能注意到这一切。

◎ 原文

风花之潇洒，雪月之空清，惟静者为之主；水木之荣枯，竹石之消长，独闲者操其权。

◎ 注释

潇洒：飘然自在无拘束。

权：秤锤，引申为计量得失。

◎ 译文

清风下的花朵随风摇曳显得特别飘然洒脱，雪夜中的月光逐云辉映，形影显得特别明朗清宁，只有内心宁静的人才能享受这种怡人的景色；树木的茂盛与枯萎，竹子和石头的消失与生长，只有闲情逸致的人才能掌握其变化规律。

◎ 直播课堂

大自然的“风花”“雪月”亦可给人恬静的心境，恬静的心境又可增进自己的智慧，智慧增进以后不外用，又用自己的智慧来促进自己心境的恬静。智慧与恬静交相涵养促进，和顺之气便从本性中流露出来。真正的智者从来不叽叽嘎嘎地表现自己，让自己智慧的锋芒外露。那些没有智慧的人成天闹哄哄的，大叫大嚷地表现自己，生怕一静下来这个世界就把他忘了。

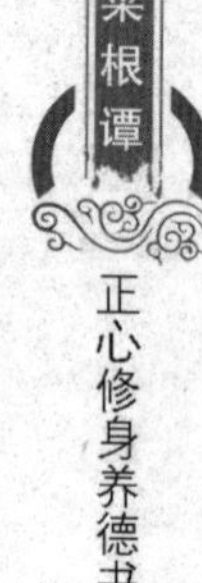

满罐子水不动荡，默默无声，半罐子水荡到半空中，扑通扑通地响个不停。智慧老人像风平浪静时的大海，沉静而又渊博；浅薄之徒像快要干涸的小溪，走到哪里都喧哗不停。

只有虚才能包含万物，灌水进去不见满，取水出来不见干，而且不知水源在何处，这样就算得上永葆生命之光；只有静才能获得真理，“万物静观皆自得”，这恰如一汪清澈的湖水只有平静时，才能映出周围群山的倒影。如果水波涌动奔腾，那就只能听到自己的响声，而映不出天上的星月和地上的山峰。同样，只有静才能涵养自己的心智，浮躁不安只能使自己变得荒疏浅陋。只有闲情、心静才可以耐得住寂寞，才能体会到自然的真趣。

节制欲求　便无殃悔

◎ 我是主持人

人生一定要懂得节制，幸福太满的话，也会觉得不幸福了。倒不如享受五成的幸福，有苦有乐才是人生的真滋味。

◎ 原文

爽口之味，皆烂肠腐骨之药，五分便无殃；快心之事，悉败身散德之媒，五分便无悔。

◎ 注释

爽口：可口、快口。

皆烂肠腐骨之药：强调多吃山珍海味就伤害肠胃。

◎ 译文

美味可口的山珍海味，多吃了便伤害肠胃，因此绝对不可多吃，只要控制住吃个半饱，就不会伤害身体，世间有些称心如意令人得意扬扬的好事，其实都是一些引诱人们走向身败名裂的媒介，所以凡事不可只要求一切都心满意足，只要保持在有五成的满意度上就不致懊悔。

◎ 直播课堂

荀子曾经这样谈到他的日常经验：欲望无穷无尽。抱有的欲望即使不能穷尽，对欲望的追求还是可以近于满足；欲望即使不能去掉，追求的又不能得到，但追求欲望的人应该节制自己的追求，按照正确的原则行事，在可能的条件下，就尽量使欲望得到满足，在条件不允许时，就要节制欲求，天下没有比这更好的原则了。

第三章 磨砺自身，任重道远

天将降大任于斯人也，必先苦其心志，劳其筋骨，饿其体肤……不管是完善自身修为，还是取得世俗的成功，都需要经过一番磨砺，只有经历过各种物质上和精神上的考验，人才能有所得，最终实现自己的理想。但是漫漫成功路，任重而道远，在这个过程中一定要经受住考验，在逆境中磨炼自己。

修德忘名　读书深心

◎ 我是主持人

做事情一定要认真，踏踏实实做好每一个细节，成功就是水到渠成的事。如果总是想着成功，做事情却三心二意，反而不会成功。

◎ 原文

学者要收拾精神并归一路。如修德而留意于事功名誉，必无实诣；读书而寄兴于吟咏风雅，定不深心。

◎ 注释

收拾精神：指收拾散漫不能集中的意志。

事功：事业。

并归一路：指合并在一个方面，也就是专心研究学问。

实诣：实在造诣。

兴：兴致。

吟咏风雅：吟咏也作咏诵，原指作诗歌时的低声朗诵。据《诗经·关雎》序："吟咏性情。疏：'动声曰吟，长言曰咏。'"风雅，风流儒雅。后世以此比喻诗文。

◎ 译文

求取学问一定要排除杂念集中精神，专心致志从事研究，如果立志修德却又留意功名利禄，必然不会取得真实的造诣。如果读书不重视学术上的探讨，只把兴致寄托在吟咏诗词讲求风雅上，那一定不会深入进取而获得心得。

◎ 直播课堂

天才出自勤奋，一分耕耘，才有一分收获，古来如此。宋代古文运动的领袖人物欧阳修，就是靠勤奋成才的。欧阳修的老家在今江西吉安县，幼年时，家境贫困，连学习的必需品笔、墨、纸、砚都买不起。他家住在江滨，从小就用江滨沙滩上的芦苇做笔，以沙滩为纸，刻苦练字。二十三岁进士及第，登上仕途。欧阳修著作很多，至今我们还能看到的著作有《欧阳文忠公文集》约一百万字，此外还有一些专著。他的散文《醉翁亭记》，已成千古之名篇。

古今中外，凡有真才实学的学者，必须下真功夫才能求真学问，但是也有一些人只知道吟风弄月，讲求风雅而不务实，只学到一些皮毛。这是一种极大的浪费，对学习、事业都不会有帮助的。我们读书应该集中精力，专心致志，加强自身的修养，使自己成为一个有益于人民的人。

坎坷世道　以耐撑持

◎ 我是主持人

任何人的成功都不是随随便便的，因为在通往成功的道路上，有着无数的意想不到的困难和挫折，想要经受住这些磨炼，必须有坚强的意志和耐力。

◎ 原文

语云："登山耐险路，踏雪耐危桥。"一耐字极有意味，如倾险之人情、坎坷之世道，若不得一耐字撑持过去，几何不坠入榛莽坑堑哉！

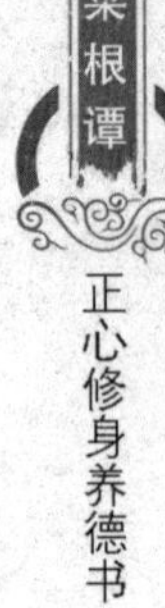

◎ 注释

榛莽：榛，荒地丛生的小杂木，草木深邃的地方叫莽。

坑堑：堑，深沟，就是有深沟的险处。

◎ 译文

俗语说："爬山要耐得住斜坡上的险径，走雪路要耐得起过桥梁的危险。"可见这一个"耐"字具有极深刻的意义，正像是险诈奸邪的人世情，坎坷不平的人生道路，假如没有这一个"耐"字苦撑下去，有几个人会不堕落到杂草丛生的险恶深沟里呢？

◎ 直播课堂

这一节突出一个"耐"字，简言之，"耐"就是毅力，是意志，是信心。一个人要具有这种对于困难险阻的"耐性"，首先必须具备的是"德行"。梅兰竹菊号称四君子，人们喜爱它们是因为它们耐得住寒，耐得住寂寞，耐得起风吹日晒。这种精神为人们所景仰，所企盼。只有经得起痛苦煎熬的人才能创造大事业，正如孟子说："天将降大任于斯人也，必先苦其心志，劳其筋骨，饿其体肤，空乏其身，行拂乱其所为，所以动心忍性，增益其所不能。"且不说立雄心大志，建丰功伟业，就是日常生活，平凡小事，又哪里有那么多顺心如意的事呢？哪里有那么多对路可意的人呢？无一个"耐"字又怎生了得。要耐困苦，耐空寂，还得耐辛酸，耐污辱。人生之路，有时退一步天宽地阔；有时却不能退，如逆水行舟耐住劲，咬咬牙便一重关隘又在回首处，一阵波浪又在用力撑持中消失。胜利，就在再坚持一下的努力之中，坚持就是忍耐。

修养自身　造福后代

◎ 我是主持人

修身养性，既是为了自身的提高，也是为了子孙后代。一个有品德的人，他的福泽会惠及子孙后代。

◎ 原文

不昧己心，不拂人情，不竭物力，三者可以为天地立心，为生民立命，为子孙造福。

◎ 注释

不昧：昧是昏暗，此处作蒙蔽解。

竭：穷尽。

为天地立心，为生民立命：立是建立，心指自然本性。据《易经·复》："复见天地之心乎?"注："复者，反本之谓也，天地以本为心者也。"疏："本，静也，言天地寂然不动，是以本为心者也。"宋代理学家张载说："为天地立心，为生民立命，为往圣继绝学，为万世开太平。"

◎ 译文

不蒙蔽自己的良心，不做不近人情的事，不过分浪费物力；假如能做到这三件事，就可以为天地树立善良的心性，为万民创造生生不息的命脉，而为后代子孙创造福祉。

◎ 直播课堂

孔子说："现在天下大乱，已是无可挽救；但如果天下太平，一切很好，就不用我们来改革现实了。我们追求的事业无法实现，我早就知道，但我就是要像那位做门卫的隐士说的那样：知其不可而为之。"《后出师表》说："不兴师伐魏，汉朝必亡；兴师伐魏，敌强我弱，也难救其不亡。但是，与其坐等汉朝灭亡，不如尽力伐魏。"可见，曹魏难灭，汉室难兴，诸葛亮早已清楚地知道，但自从离开隆中，夺荆州，定西蜀，对外联结东吴，对内治军理财，最后六出祁山，一生鞠躬尽瘁，死而后已，事业虽未成就，但那种义无反顾，精进向上的崇高精神，却因此而无限光大，成为一种取之不竭的财富！知其不可而为之，这种义无反顾的大智慧实在是成事的必要的心理。因为，虽不能成事，却可成仁。古圣先贤有句名言："内圣外王。"也就是说先成已而后才能成物。以古人此论推而广之，一个要在事业上有所作为的人，必须从自我修养做起。

磨砺如金　施为似弩

◎ 我是主持人

在现代社会，很多人急于求成，不想经历挫折和困难，殊不知这些挫折才是成功的试金石。做事情的时候，也要考虑周全，不要随意为之。

◎ 原文

磨砺当如百炼之金，急就者非邃养。施为似千钧之弩，轻发者无宏功。

◎ 注释

邃养：高深修养，邃，深。

钧：三十斤是一钧。

弩：用特殊装置来发射的大弓。

◎ 译文

磨炼身心要像炼钢一般反复陶冶，急着希望成功的人就不会有高深的修养；做事像拉开千钧的大弓一般，假如随便发射就不会收到好的功效。

◎ 直播课堂

子夏做了鲁国莒父县长，向孔子请教行政之道。孔子说：“不要求速成，不要只顾小利。求速成，反而达不到目的，顾小利，就办不成大事。”

还是明代张岱说得好：“做事第一要耐烦心肠，一切蹉跌、蹭蹬、欢喜、爱慕景象都忍耐过去，才是经纶好手。若激得动，引得上，到底结果有限。”或者，斤斤于细故，你就别想有大收获，想要有大收获，你就必须放弃一虫一米的小得失。《吕氏春秋》上说，小利是妨害大利的劲敌，不放弃小利，就无法获得大利。

做人处事，“忍”是一种巨大的力量，“忍”是很难得的修养，所以，我们要忍辱精进，在“忍”的修持中去争取成功，亲近佛缘。浮山法远和尚率僧众七十余人来投参叶县和尚时，叶县命人往这群野僧头上身上喷水倒土，大多数僧众都落荒而逃。只有浮山法远和师友天衣义怀纹丝不动。叶县方才允许他俩入门，命浮山任饭头，主管全院膳食。和尚的生活极其清苦，吃的多是难以下咽之物。有一日叶县出去访友。众和尚见住持走了，就央求浮山煮点米粥开开胃，浮山善心发现，让寺内僧徒都饱餐了一顿。叶县回寺后，知道了浮山所为就训斥他：“你想一想今后你当了住持时的情形吧！我院绝对不允许这种盗用寺内之物满足私心、私意的行为。你给我快出门，下山去吧！”浮山无奈只得接过寺中施舍的衣钵诸物，离开叶县。浮山下山后，寄宿在山下一寺的走廊内，托钵自活，仍然坚持去参听叶县说法。叶县认为浮山没有经允许住进他寺，同样是偷盗行为，于是再次把浮山撵了出去。浮山于是把僧衣托钵当作住在寺庙的借宿费，还清了盗用佛物之孽债。有一天，叶县命人鸣钟焚香集合僧众声言：“此山有古佛。”说完出迎浮山，并亲焚梵香，向浮山面授临济密传的大法。

逆境砺行　顺境销靡

◎ 我是主持人

相比顺境而言，逆境对一个人的成长更有益处。逆境能让一个人的身心变得强大，不管外界有什么样的变化，他也有信心和实力来应对自如。

◎ 原文

居逆境中，周身皆针砭药石，砥节砺行而不觉；处顺境内，满前尽兵刃戈矛，销膏靡骨而不知。

◎ 注释

针砭药石：针，古时用以治病的金针；砭，古时用来治病的石针，现在流行的针灸是针砭的一种。药石，泛称治病用的药物，针砭药石泛指治病用的器械药物，此处比喻砥砺人品德气节的良方。

砥砺：磨刀石，粗者为砥，细者为砺，此为磨炼。

销膏靡骨：融化脂肪、腐蚀筋骨。

◎ 译文

一个人如果生活在艰难困苦的环境中，那身边所接触到的全是有如医疗器材般的事物，在不知不觉中会使你敦品厉行磨炼自己的意志；反之一个人如果生活在无忧无虑的顺境中，这就等于在你的面前摆满了刀枪利器，在不知不觉中使你的身心受到腐蚀，从而走向失败。

◎ 直播课堂

人在清苦的环境中容易奋发上进，在优裕环境中容易堕落腐败。如果能懂得这一道理，就能防患于未然。

唐朝李景让的母亲郑氏，年轻时就守寡，当时家境贫困，孩子幼小，是她亲自教育孩子。有一次她母亲房子的后墙塌陷，从墙破处找到了许多钱，她向天神祈祷说："我听说不劳而获是自身的灾祸。如果天神怜悯我贫穷，那就希望让几个儿子的学问有成就吧，这些钱就不敢拿了。"说着就赶快把那些钱掩埋上，把墙修好砸实了。从上述言行看郑氏是女子中有远大见识的人。功夫不负有心人，景让后来官位显达了，尽管如此，他有过错，母亲也绝不放过。他当浙西观察使时，手下有个低级军官不顺他的心意，他让人用棍棒打，结果给打死了，这件事引起军队的愤怒，将要发生兵变。他母亲听说这事后，就出来坐在官府办公的地方，让景让站在厅堂上，责备他说："天子托付你重任，你却把国家的刑法当成喜怒哀乐的工具，胡乱杀死无辜的人，万一造成地方动乱，你有何面目见皇上?"说完，让他左右的人脱下景让的衣服，鞭打他的脊背，这时景让手下的人都站出来替他求情，打了很久母亲才同意把他放了。

一个人如果在艰苦贫困的环境中，周围的一切都好像是针对自己过失的良方妙药，砥砺节操，锻炼德行而不觉得；而在顺境面前堆满了前进的障碍，腐蚀自己的意志却不知道。李景让的母亲郑氏深知这一道理，使李景让受到教育，从中我们也能得到一些启示。

看破认真　可负重任

◎ 我是主持人

在智者看来，名利富贵都是过眼云烟，人情世故也转瞬即逝，都不值得花费太多的心思在上面，这样的人才堪当大任。

◎ 原文

以幻迹言，无论功名富贵，即肢体亦属委形；以真境言，无论父母兄弟，即万物皆吾一体。人能看得破，认得真，才可以任天下之负担，亦可脱世间之缰锁。

◎ 注释

幻迹：虚假境界。

委形：上天赋予我们的形体。委，赋予。如《列子·天瑞》篇："吾身非吾有，孰有之哉？曰：是天地之委形也。"

真境：是超物质的形而上境界，也就是超越一切物相的境界，这种境界是物我合一永恒不变的。《庄子·齐物论》中说："天地与我并生，而万物与我为一。"

缰锁：套在马脖子上控制马行动的绳索，比喻人世间的互相牵制。

◎ 译文

世事变幻无常，不论官位、财富、权势都是变幻无常，即使是自己的四肢躯体也属于上天赋予我们的形体，假如我们超越一切物相来看客观世界，不论是父母兄弟等骨肉至亲，甚至连天地间的万物都和我属于一体。

一个人能洞察出物质世界的虚伪变幻，又能认得清精神世界的永恒价值，才可以担负起救世济民的重大使命，也只有这样才能摆脱人世间一切困扰你的枷锁。

◎ 直播课堂

相信拥有更多的钱和物质会让自己幸福是我们犯的致命错误。物质主义对整个社会和个人都具有破坏性，那么，在社会保障体系以及价值建构尚不完善之前，个人如何才能免于被物质压垮脊梁？物质主义的时代，人必须仰望点什么，必须时常提醒自己，让疲倦的视线从物面上移开、从狭窄而琐碎的生存槽沟里昂起，向上，向着高远看。在另一个价值水平线上审视自己，在精神自治中摆脱物质的枷锁。

金钱不是成功的唯一标准，极端的物质主义思维应当得到反思。在中国，对物质主义的厌倦、不满、反叛，开始促成一些人寻求精神生活：有些家长安排孩子接受经典教育或贵族式礼仪教育，普通民众则寻找超越的信仰，探究财富增长后的心灵失落，讨论正义的法学是否获得应有的关注。这些行为，无疑都是个体在物欲席卷之时，做出的一种清醒的对抗。

识是明珠　力是慧剑

◎ 我是主持人

智慧和意志力是人生的两样法宝，有智慧的人能够看透世事，不为外物所迷惑；而有意志力的人则会一直坚持自己的目标，矢志不渝。

◎ 原文

胜私制欲之功，有曰识不早、力不易者，有曰识得破、忍不过者。盖

识是一颗照魔的明珠，力是一把斩魔的慧剑，两不可少也。

◎ 注释

明珠：价值昂贵的宝珠，引申为人或物的最贵重者。佛经《净土论注》说此珠“置之浊水，水即清净，投之浊心，念念之中罪灭心净”。此照魔明珠之谓也。

慧剑：佛家语，是用智慧比喻利剑，认为利剑能斩断俗世万缘、烦恼与魔障。《维摩诘经·菩萨行品》：“以智慧剑破烦恼。”

◎ 译文

战胜私情克制物欲的功夫，有些人说是由于没及时发现私欲的害处而又没坚定的意志去控制，有的人说虽然能看清物欲的害处却又受不了物欲引诱，所以一个人的智慧是认识揭发魔鬼的法宝，而坚定的意志是一把消灭魔鬼的利剑，法宝和利剑这两者是战胜私情和物欲不可缺少的。

◎ 直播课堂

立身创业，战胜物欲，超越自我，需要的是坚定的意志，庄子以一个锻制带钩的人为例，说明了这个人生哲理。大司马家锻制带钩的人，年纪虽然已经八十，却一点也不会出现失误。大司马说：“你是特别灵巧呢，还是有什么门道呀？”锻制带钩的老人说：“我遵循着道。我二十岁时就喜好锻制带钩。对于其他外在的事物我什么也看不见，不是带钩就不会引起我的专注。锻制带钩这是得用心专一的事，借助这一工作便不再分散自己的用心，而且锻制出的带钩得以长期使用，更何况对于那些无可用心之事啊！能够这样，外物会有什么不予以资助的呢？”

横逆困穷　豪杰炉锤

◎ 我是主持人

逆境是人生的试金石，能够克服困难和挫折，在逆境中成长的人，大多成了英雄豪杰。而没有经受住考验的人，往往身心俱损。

◎ 原文

横逆困穷，是煅炼豪杰的一副炉锤。能受其煅炼者，则身心交益；不受其煅炼者，则身心交损。

◎ 注释

横逆困穷：横逆指不顺心的事，困穷指穷困。

炉锤：比喻磨炼人心性的东西。

◎ 译文

人间一切横逆困难是磨炼英雄豪杰心性的熔炉，只要能够接受这种锻炼，对人的形体与精神都会有益处；反之，如果承受不了这种恶劣环境的煎熬，那么将来他的肉体和精神都会受到损伤。

◎ 直播课堂

《孟子·告子章句下》中说：天要把重大使命降落到某人身上，必定先要苦恼他的心意，劳累他的筋骨，饥饿他的肠胃，困乏他的身体，并且使他的一次次行动都不能如意，以此来锤炼他的心志，坚韧他的性情，增强他的能力。一个人，常常出现错误，才能学会改正错误；心意困苦，思虑阻塞，才能有所奋发创造；心中所想，只有表现在面色上，吐发在言语中，才能被人了解。一个国家，国内没有有知名度、有才干、足以辅弼君王的大臣和士子，国外没有相与抗衡的敌国和足以使人忧惧怵惕的外患，常常会自己走向衰亡，这就是所谓忧愁患害足以使人生存，安逸快乐足以致人死亡的道理。只有能在横逆中挺得起胸膛的人才算得上英雄豪杰。

以德御才　德才兼备

◎ 我是主持人

有德无才的人，可能还有用处，而有才无德的人，一定要谨慎驾驭，否则产生的损害会更加难以估量。

◎ 原文

德者才之主，才者德之奴。有才无德，如家无主而奴用事矣，几何不魍魉猖狂？

◎ 注释

魍魉：泛称山川木石的精灵怪物。如《孔子家语》中有“木石之怪曰魍魉”。

猖狂：过分放纵。

◎ 译文

品德是才学才干的主人，而才学才干只不过是品德的奴隶。一个人假如只有才学才干而没有品德修养，就像一个家庭没有主人而由奴仆当家一样，这样哪能不使家中遭受精灵鬼怪的肆意侵害？

◎ 直播课堂

一次，孔子和学生讨论仁与智两个大问题。孔子问道：“怎样才是仁，怎样才是智呢?”子路的意见是：“智者使人知己，仁者使人爱己。”子贡的意见是：“智者知人，仁者爱人。”颜渊的意见是：“智者自知，仁者自爱。”孔子对三人的意见分别予以肯定，并指出子路所说是“士”的境界，子贡所说是“士君子”的境界，颜渊所说是“明君子”的境界。荀子记述上述孔子对子路、子贡、颜渊论仁与智三种意见的评价，是分有高下的。

其实，不同的个性有不同的长处和适应面，不同的修养有不同的造诣和建树。因而，三种境界，各有其所长，也各有其所短。如果从社会关系这个角度讲，最高境界是知人爱人，其次是使人知己爱己，再次是自知自爱；而如果从人性的内在涵养上讲，最高境界是自知自爱，其次是使人知使人爱，再次是知人爱人。知人爱人是德，使人知己爱己是才，自知自爱则是本能。有德之才，方称得天才，德才兼备者，人之本能方能充分解析。这已是通俗的人生哲理了。

在世出世　尽心了心

◎ 我是主持人

真正的智慧其实在世间平凡的人之中，想要修身养性，不妨在俗世中善于观察，体味人生百态，这比隐居独修要有效的多。

◎ 原文

出世之道，即在涉世中，不必绝人以逃世；了心之功，即在尽心内，不必绝欲以灰心。

◎ 注释

了心：了当觉悟、明白解。了心是懂得心的道理。

尽心：拿出智慧扩张善良本心。《孟子·尽心章上》："尽其心者知其性也。"

◎ 译文

超脱凡尘俗世修行的道理方法，应该在人世间的磨炼中，根本不必离群索居、与世隔绝；要想完全明了懂得智慧的功用，应该在贡献智慧的时候去领悟，根本不必断绝一切欲望，使心情犹如死灰一般寂然不动。

◎ 直播课堂

披上件蓑衣，戴上顶斗笠未必是渔夫，支根山藤坐在竹边饮酒吟诗也未必是隐士高人。追求形式的本身未必不是在沽名钓誉。就像想明白自己的心性灵智不在于自己冥思苦想时才知道。

《列子·汤问》中有段大禹和夏革的话，听起来似乎很玄乎，实际上也很明白，他们把天地万物都视同自然一体，所以能从天地间得到自然雅趣和真谛。

大禹说："上下四方之间，四海之内，日月照耀着，星辰经纬着，四季为他记载时节，木星为他记载年龄。神灵所生的，各种各样，种种不同样样有别。有的消亡得快，有的生存得久，只有圣人能够完全了解那道理。"夏革说："但也有不等待神灵出生的，不须阴阳而产生形体的，不必有日月而光亮的，不要杀戮而死亡的，不要养息而长命的，不等粮食而吃吃喝喝的，不要丝绸而穿戴的，不消车船而走动的，这些都自然如此，不是圣人所能完全了解说明的。"

幼不陶铸　难成令器

◎ 我是主持人

从一个人年少时候的品性作为，大概能看出他以后能否成为可用之才。因此，一定要从小就严格要求自己，培养良好的品德。

◎ 原文

子弟者，大人之胚胎，秀才者，士大夫之胚胎。此时若火力不到，陶铸不纯，他日涉世立朝，终难成个令器。

◎ 注释

胚胎：指生命之开端。

秀才：指在学学生。

令器：美好的栋梁之材。

◎ 译文

小孩是大人的前身，学生是官吏的前身，假如在这个阶段磨炼不够，教养学习的成绩不佳，那将来踏入社会，就很难成为一个有用之才。

◎ 直播课堂

我国古代特别重视幼教蒙训。东汉桓荣，字春卿，著名的儒学家。他年轻时，拜欧阳歙为师，学习《尚书》。汉光武帝任他为议郎，向太子传授儒学经典，后来又当上太学博士，汉光武帝常常去太学观察。视察中，常让各博士阐述对各自所教儒学经典的理解，并且互相提问辩论。桓荣在辩论中，总是彬彬有礼，以理服人，从不强调本位，很得光武帝赏识，后来，光武帝挑选桓荣当太子的老师，任命他为太子少傅，并赏赐给他辎车乘马，桓荣获赏后，召集太学的学生们，指着皇帝赏赐的车马官印绶带说："现在所得到的这些东西，全是深入钻研古代历史的结果。你们能不努力学习吗?"太子即位后，仍然用老师的礼节尊崇他，并封为五更。

静非真静　乐非真乐

◎ 我是主持人

在清闲幽静的环境下，大多数人都能体会到内心的宁静，但要在嘈杂的环境中也能体会到内心的宁静，这才是真的修为。

◎ 原文

静中静非真静，动处静得来，才是性天之真境；乐处乐非真乐，苦中乐得来，才是心体之真机。

◎ 注释

性天：就是天性，《中庸》有"天命之谓性"，说明人性是由天所赋予的。

◎ 译文

在万籁俱寂的环境中所得到的宁静并非真宁静，只有在喧闹环境中还能保持平静的心情，才算是合乎人类本然之性的真正宁静；在歌舞喧闹环境中得到的快乐并非真快乐，只有在艰苦困难的环境中仍能保持乐观的精神，才算是合乎人类本然灵性的真正乐趣。

◎ 直播课堂

一个人住在远离烦扰世俗的深山幽谷之中保持一份宁静的心情，当然容易，但在枪林弹雨、杀声震天之时，仍能保持一颗平静无波的心就更显出静的意义。有人以为将军只需要勇敢无畏，清静只是学者书生所必须具备的德行，其实这是误解，对敌我形势的准确判断，最紧要的是头脑冷静，勇敢无畏但又容易冲动的人只宜当士兵，当统帅则必定会经常误事。战场上形势瞬息万变，如果全军没有一个镇静的头脑调兵遣将，必定自陷绝境，导致全军覆没。

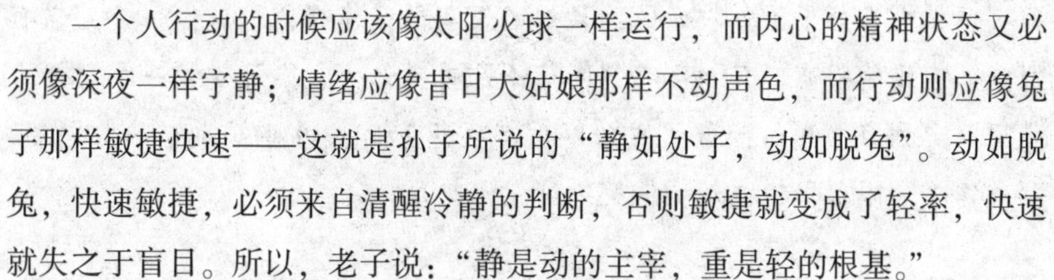

一个人行动的时候应该像太阳火球一样运行，而内心的精神状态又必须像深夜一样宁静；情绪应像昔日大姑娘那样不动声色，而行动则应像兔子那样敏捷快速——这就是孙子所说的“静如处子，动如脱兔”。动如脱兔，快速敏捷，必须来自清醒冷静的判断，否则敏捷就变成了轻率，快速就失之于盲目。所以，老子说：“静是动的主宰，重是轻的根基。”

读书见圣　居官爱民

◎ 我是主持人

真正的智者，不仅在于他们通晓各种学问，而且在于他们身体力行，用实际行动来践行真知。不管是做学问，还是为官，都要脚踏实地，真正在实际中磨炼自己。

◎ 原文

读书不见圣贤，如铅椠佣。居官不爱子民，如衣冠盗。讲学不尚躬行，为口头禅。立业不思种德，为眼前花。

◎ 注释

铅椠佣：铅是古时用来涂抹简牍上错字用的一种铅粉。椠是不易捣坏的硬板，在没有发明纸笔的古代，就在板子上写字，因此铅椠就代表纸笔。铅椠佣即写字匠。

衣冠盗：偷窃俸禄的官吏。

◎ 译文

读书只知背诵文句不去研究古圣先贤的思想精髓，最多只能成为一个写字匠；做官如果不爱护人民，只知道领取国家俸禄，那就像一个穿着官服戴着官帽的强盗。只知研究学问却不注重身体力行，那就像一个不懂得佛理只会诵经的和尚；事业成功以后却不想为后人做些好事积一些阴德，那就像一朵眼前很艳丽却很快就要凋谢的花儿。

◎ 直播课堂

中国古代有“半部论语治天下”的说法，说的是北宋开国元勋、一生被三次拜相的赵普的事。赵普自少熟谙史事，而缺乏学问。及至当了宰相，宋太祖劝他多多读书。从此，他每日退朝回家，手不释卷，尤其对《论语》通习甚精。宋太宗时，有人扬言赵普不学无术，仅仅读过《论语》一书。宋太宗询问赵普有无此事，赵普毫不隐讳地回答：“臣平生所知，诚不出此一书。昔日以半部《论语》佐太祖定天下，现在以半部《论语》辅陛下致太平。”所以后世遂有“半部论语治天下”之说。淳化三年（922年），赵普病卒，时年七十一岁。家人打开赵普书箱检视，果然只有《论语》二十篇。

苦生有乐　得意生悲

◎ 我是主持人

真正的人生并不只是一种滋味，而是酸、甜、苦、辣、咸五味俱全，在痛苦中体会到快乐，这才是真正的快乐。

◎ 原文

苦心中常得悦心之趣；得意时便生失意之悲。

◎ 注释

苦心：困苦的感受。

悦心之趣：使心中喜悦而有乐趣。

失意之悲：由于失望而感到悲哀。

◎ 译文

在困苦的环境中能坚持原则把握方向不断奋斗，常常可以感受得到内心奋斗的喜悦，只有这种喜悦才是人生的真正乐趣；反之如果在得意时有过分狂妄的言行，往往会因此种下日后祸患的根苗，导致痛苦的悲哀。

◎ 直播课堂

孔子认为，人有两种最有益的快乐：一是“乐道人之善”，真心钦赞别人的优点，存心厚道，惩恶扬善，会得到别人回报，建立和谐的人际关系，同时又能取人之长，培养自己；二是有一帮真正的朋友，或聚会，或通信，交流感情，互相帮助，彼此提携。有朋友的人最幸福。人生美好尤其需要有几个终生相交的挚友。

相反，如果缺乏理性的考虑，或春风得意骄傲自大，或条件优越不思进取，或沉溺于某种消遣不顾一切，或好色纵欲玩弄感情……酗酒后必伤身，饱食后消化不良，麻将上瘾耽误家庭和美、子女教育，这种种快乐都要由痛苦来清账，所以孔子认为它们无论对于身体还是心理，都是有损害的，都是应该克制的。

磨炼福久　参勘知真

◎ 我是主持人

人需要在磨砺中不断成长，这样的成长才是有根基的。在求学问的时候，也要敢于怀疑，大胆怀疑，小心求证，才能学到真知。

◎ 原文

一苦一乐相磨练，练极而成福者，其福始久；一疑一信相参勘，勘极而成知者，其知始真。

◎ 注释

参勘：参是交互考证，勘是仔细考察。

知：与“智”通。

◎ 译文

在人的一生中有苦也有乐，只有在苦与乐交替的跌宕磨炼中得来的幸福才能长久；在求学中既要有信心也要有敢于怀疑的精神，遇到值得怀疑的事就要去仔细求证，只有自己去推究到事物的极致得来的学问才是真学问。

◎ 直播课堂

《列子·汤问》中以纪昌学射为例，说明学无止境、磨炼福久的道理。

甘蝇，古代擅长射箭的人，一张弓，走兽便趴下，飞鸟便跌落。有个学生叫飞卫，向甘蝇学射箭，技艺比甘蝇还巧。有个叫纪昌的，又向飞卫学射箭。飞卫说："你先学不眨眼，便可以谈射箭了。"纪昌回家，仰头睡在他妻子的织布机下，眼睛一眨也不眨。他报告飞卫后，飞卫说："还没有啊！一定要学会看才行。看小东西好像看大东西，看细微的好像看显著的，这样以后再告诉我。"纪昌用一根长毛系一只虱子悬在窗上，向南面望着虱子。十日之中，逐渐变大，三年之后，好像是个车轮。再看别的东西，都大如山岳。于是用北方角制的弓和南方蓬制的箭杆射那虱，一箭就穿透虱的中心，而悬挂的长毛并没断绝。他报告飞卫。飞卫高高跳起来拊掌摸着胸膛说："你学会了！"

《碧岩录》中有句话叫"禅河深处须穷底"。一日定上座和尚化斋回来，坐在桥头休息。这时桥上有几个人正在议论纷纷。一个问："所谓'禅河深处须穷底'到底是怎么一回事呢？"定上座和尚闻此言，马上上去抓起那人便要往桥下扔。这一举动吓得另外两位慌忙来劝道："请别扔！别扔！这人冒犯了上座实在是该当大罪！望和尚发发慈悲饶了他吧！"定上座和尚说："如果没有二位相劝，我今日就叫他亲自到河底去探探看。"定上座和尚之意是：禅河的深浅只有自己进去才能探明。

厚德积福　逸心补劳

◎ 我是主持人

人生不如意事十之八九，当遇到不如意的时候，不要灰心丧气，更不要放弃，而应该坚持做好自己，努力寻找出路。

◎ 原文

天薄我以福，吾厚吾德以迓之；天劳我以形，吾逸吾心以补之；天厄我以遇，吾亨吾道以通之。天且奈我何哉！

◎ 注释

薄：减轻。

迓：迎的意思。

厄：压抑。

◎ 译文

假如上天不增添我的福分，我就多做些善事培养品德来对待这种命运；假如上天用劳苦来困乏我的身体，我就用安逸的心情来保养我疲惫的身体；假如上天用穷困来折磨我，我就开辟我的求生之路来打通困境。假如我能做到这些，上天又能对我怎样呢？

◎ 直播课堂

孟子曾说："天要把重大使命降落到某人身上，必定先要苦恼他的心志，劳累他的筋骨，饥饿他的肠胃，困乏他的身子，并且使他的一次次行动都不能如意，以此来锤炼他的心志，坚韧他的毅力，提高他的忍耐力。"

对于一个人的平常人生呢？其实，一个人无论是伟大，还是平凡，是高贵，还是低贱，无论以什么方式行世，他都必须承担起他在人生旅途中遭遇的一切：风静浪止的顺境、春风得意的坦途、爱情的甜蜜、成功的喜悦……还有风风雨雨、浪急礁险、灾难患害等，无论是喜还是忧，是幸福还是痛苦，他都得承受，无可逃避。

万事皆缘　随遇而安

◎ 我是主持人

人生在世，有太多无奈，很多事不是我们所能决定的，我们做的只能是顺其自然，万事随缘，只有这样，才能保持内心的平衡。

◎ 原文

释氏随缘，吾儒素位，四字是渡海的浮囊。盖世路茫茫，一念求全则万绪纷起，随遇而安，则无入不得矣。

◎ 注释

随缘：佛家语，佛教以外界事物的来临，使身心受其感触叫缘，应缘而起的动作叫随缘，听其自然不加勉强。

素位：指本身应做的事，而不羡慕身外的事。例如《中庸》有“君子素其位而行，不愿乎其外”。

世路茫茫：世路指人世间一切行动及经历的情态。茫茫作遥远渺茫解。

◎ 译文

佛家主张凡事都要顺其自然发展，一切都不可勉强；儒家主张凡事都要按照本分去做，不可妄贪其他身外之事。这“随缘”和“素位”四个字是为人处世的秘诀，就像是渡过大海的浮囊。因为人生的路途是那么遥远渺茫，假如任何事情都要求尽善尽美，必然会引起许多忧愁烦恼；反之假如凡事都能安于现实环境，到处都会产生悠然自得的乐趣。

◎ 直播课堂

佛家主张凡事都要随缘，人必须随着天定的因缘来处理事情。反之任凭自己的主观努力一意孤行，不论怎样也无法达成自己的意愿。儒家所主张的“素位”，就是君子坚守本位而不妄贪其他权势，要满足自己所处的现实环境，这和佛家所说的“万事皆缘，随遇而安”是相通的。一个安于现实的人，能快乐度过一生；反之一个不满于现实环境的人，整天牢骚满腹、愤世嫉俗，只会害己而害人。这里的“万事随缘，随遇而安”，应从积极意义上来理解。从处事角度来看，凡事不可强求，有些事在现在条件下行不通，就有等待时机的必要，就需要安于现状而不是心慌意乱。凡事强求而不遵循事物的基本规律就难行得通。

心性偏激　难建功业

◎ 我是主持人

凡是能建功立业的人，无一不是能掌控自己情绪的人，面对各种情况和各种人，他们都能从容应对。而心性偏激的人，往往难与人相处，更别说建功立业了。

◎ 原文

躁性者火炽，遇物则焚；寡恩者冰清，逢物必杀；凝滞固执者，如死水腐木，生机已绝；俱难建功业而延福祉。

◎ 注释

凝滞固执：凝滞是停留不动，比喻人的性情古板。固执是顽固不化。

◎ 译文

一个性情急躁的人，他的言行如烈火一般炽热，仿佛所有跟他接触的人物都会被焚烧；一个刻薄寡恩无情无义的人，他的言行就好像冰雪一般冷酷，仿佛不论任何人物碰到他都会遭到残害；一个头脑顽固而呆板的人，既像一潭死水又像一棵朽木，已经完全断绝了生机，这都不是建大功、立大业，能为人类社会造福的人。

◎ 直播课堂

得民心者得天下，失民心者失天下。有一次孟子的学生请教孟子：“为什么桀与纣会失掉自己的国家？”孟子说：“这道理很简单，他们失了民心，失了百姓的支持。百姓归附仁德的君主，就好比水往下流，兽奔旷野，是很自然的事。替深池赶来鱼群的是水獭，为森林赶来鸟雀的是鹞鹰，而替商汤、周武赶来百姓的则是夏桀和殷纣。为渊驱鱼，自然不能得鱼；为丛驱雀，自然也不能得雀。残暴无道，尽失民心，自然也就失去了百姓。要得国，必须先得民心。治国之策千万条，这一条无论如何都是首要的。”

乐极生悲　苦尽甘来

◎ 我是主持人

从一般人的人生经历来看，大多是先苦后甜。所以，人一定要对未来有信心，只要认真努力，踏实做事，就一定能实现目标，苦尽甘来。

◎ 原文

世人以心肯处为乐，却被乐心引在苦处；达士以心拂处为乐，终为苦

处换得乐来。

◎ 注释

心肯：肯是可的意思，引申为顺，心肯是心愿满足。

心拂：拂是违背，心中遭遇横逆事物。

◎ 译文

世人都认为能心愿满足就是一大快乐，可这种愿望常常被快乐引诱到痛苦中；一个胸怀达观的人，由于平日能忍受各种横逆不如意的折磨，在各种磨炼中就能享受到奋斗抗争之乐，最后终于从艰苦中换来真快乐。

◎ 直播课堂

孟子说：“天将要把重大的使命放在某人身上，必然要先苦恼他的心志，劳累他的筋骨，饥饿他的肠胃，困乏他的身体，而且会使他的每一次行动都不能如意。”这是我们都耳熟能详的古语。

古往今来，凡成大事业、有大成就者，无不如此：

舜自田野中兴起，当初他曾居于深山，与木、石同处，以鹿、猪为邻，同深山野人相差无几。

孔子生于乱世，周游列国四处碰壁，曾困于陈、蔡，无米断炊，险些饿死道中。

孙膑遭忌，在被剜去两只膝盖骨后修成一部传之后世的《孙膑兵法》。

屈原被谗言所害，屡遭放逐，于三湘四水的荒蛮野岭中赋得绝唱《离骚》。

司马迁直言情理，受囚禁之大侮，领宫刑之奇耻，隐忍不怠，方成一部《史记》。

所以，人当有自信，还当能承受生活的挫折，能经受世事的艰辛，能忍受人生的磨难，至少要有承当起这一切的心理准备。

《庄子·在宥》中有段意味深长的描述，庄子说：“人过于高兴，助长阳气；过于悲哀，助长阴气。阴阳一起亢进，四季不调，寒暑不和谐，反过来就会伤害人的身体。使人喜怒失常，坐立不安，思虑得不出结果，办事中途而废。于是才有奇谈怪论，行为怪僻，然后就出现了盗跖、曾参、史鳝一类人。所以用整个天下去赏赐善行也觉得不足，动员整个天下去惩罚恶行也显得不够。所以天下这么大也不足以实行赏罚。从夏商周以来，都嚷嚷着必须赏善罚恶，老百姓的性命怎么能够安宁呢？”

人生中的悲欢苦乐，也和阴阳一样，有其固有的特性，它们不是绝对的，是相对的。有的苦尽甜来，有的乐极生悲，有的在顺利时突遭祸患，有的则处逆境而时来运转。有谁懂得人生中的“真乐”呢？

怨尤自消　精神自奋

◎ 我是主持人

在现代社会，人一定要学会调整自己的心态，既不要过分怨天尤人，也不要过于自高自大。失意时想想比自己境遇差的，得意时看看比自己更成功的，这样才能时刻保持清醒。

◎ 原文

事稍拂逆，便思不如我的人，则怨尤自消；心稍怠荒，便思胜似我的人，则精神自奋。

◎ 注释

拂逆：不顺心不如意。

怨尤：把事业的失败归咎于命运和别人。

怠荒：精神萎靡不振，懒惰放纵。

◎ 译文

当事业稍不如意处于逆境时，就应该想起那些不如自己的人，这样怨天尤人的情绪就会自然消失；当事业顺心很如意而精神出现松懈时，要想想比自己更强的人，那你的精神就自然会振奋起来。

◎ 直播课堂

事业上没有向上之心则难以成功，修养德行，不多与他人的长处相比，则难以完美自身。一次，子夏问孔子："颜回为人怎么样？"孔子说："颜回的仁德比我强。"又问："子贡的为人怎么样？"孔子说："端木赐的口才比我强。"又问："子路的为人怎么样？"孔子说："仲由的勇敢比我强。"又问："子张为人怎么样？"孔子说："颛孙叔的矜庄比我强。"子夏便离开坐席而问道："那么这四个人为什么来做您的学生呢？"孔子说："别激动，坐下来我告诉你，颜回虽然仁德却不懂得通权达变，子贡虽有辩才却不知收敛锋芒，仲由虽然勇敢却不懂得畏怯，子张虽矜庄却不懂得随和。以他们四人的优点来和我交换，我也不会答应的。这就是他们拜我为师的原因啊！"孔子这种不以师长自居的精神，正是为人师表的风范。

在现代社会，人很容易产生攀比心理，一旦自己比别人差，内心就会失去平衡，对别人产生怨恨，而这种心态实际上对自己一点帮助都没有。倒不如放开心胸，看看那些不如自己的人，幸福总是相对的。当一个人生活安逸的时候，实际也是危险的时候，只有和那些比自己强的人对比一下，才能产生继续奋斗的动力。人一定要在这两种心态之间保持平衡。

过来就会伤害人的身体。使人喜怒失常，坐立不安，思虑得不出结果，办事中途而废。于是才有奇谈怪论，行为怪僻，然后就出现了盗跖、曾参、史鳝一类人。所以用整个天下去赏赐善行也觉得不足，动员整个天下去惩罚恶行也显得不够。所以天下这么大也不足以实行赏罚。从夏商周以来，都嚷嚷着必须赏善罚恶，老百姓的性命怎么能够安宁呢？”

人生中的悲欢苦乐，也和阴阳一样，有其固有的特性，它们不是绝对的，是相对的。有的苦尽甜来，有的乐极生悲，有的在顺利时突遭祸患，有的则处逆境而时来运转。有谁懂得人生中的“真乐”呢？

怨尤自消　精神自奋

◎ 我是主持人

在现代社会，人一定要学会调整自己的心态，既不要过分怨天尤人，也不要过于自高自大。失意时想想比自己境遇差的，得意时看看比自己更成功的，这样才能时刻保持清醒。

◎ 原文

事稍拂逆，便思不如我的人，则怨尤自消；心稍怠荒，便思胜似我的人，则精神自奋。

◎ 注释

拂逆：不顺心不如意。

怨尤：把事业的失败归咎于命运和别人。

怠荒：精神萎靡不振，懒惰放纵。

◎ 译文

当事业稍不如意处于逆境时，就应该想起那些不如自己的人，这样怨天尤人的情绪就会自然消失；当事业顺心很如意而精神出现松懈时，要想想比自己更强的人，那你的精神就自然会振奋起来。

◎ 直播课堂

事业上没有向上之心则难以成功，修养德行，不多与他人的长处相比，则难以完美自身。一次，子夏问孔子："颜回为人怎么样?"孔子说："颜回的仁德比我强。"又问："子贡的为人怎么样?"孔子说："端木赐的口才比我强。"又问："子路的为人怎么样?"孔子说："仲由的勇敢比我强。"又问："子张为人怎么样?"孔子说："颛孙叔的矜庄比我强。"子夏便离开坐席而问道："那么这四个人为什么来做您的学生呢?"孔子说："别激动，坐下来我告诉你，颜回虽然仁德却不懂得通权达变，子贡虽有辩才却不知收敛锋芒，仲由虽然勇敢却不懂得畏怯，子张虽矜庄却不懂得随和。以他们四人的优点来和我交换，我也不会答应的。这就是他们拜我为师的原因啊!"孔子这种不以师长自居的精神，正是为人师表的风范。

在现代社会，人很容易产生攀比心理，一旦自己比别人差，内心就会失去平衡，对别人产生怨恨，而这种心态实际上对自己一点帮助都没有。倒不如放开心胸，看看那些不如自己的人，幸福总是相对的。当一个人生活安逸的时候，实际也是危险的时候，只有和那些比自己强的人对比一下，才能产生继续奋斗的动力。人一定要在这两种心态之间保持平衡。

第四章
方圆处世，刚柔相济

人生在世，总要和各种各样的人打交道，有自己喜欢的，也有自己不喜欢的。想要在人际交往中游刃有余，就必须做到方圆处世，多些灵活变通，少些固执己见。在对人对事上，要懂得以和为贵，刚柔相济，千万不要苛责于人，否则只会让自己失去朋友，树立敌人，让自己的人生寸步难行。

退即是进　与就是得

◎ 我是主持人

为人处世，并不是咄咄逼人就能得到很多，相反，主动退一步反倒让自己占据了主动地位。而现代人，大多没想通这个道理。

◎ 原文

处世让一步为高，退步即进步的张本；待人宽一分是福，利人实利己的根基。

◎ 注释

处世：度过世间，即一个人活在茫茫人海中的基本做人态度。

张本：前提，准备。

◎ 译文

为人处世都要有让人一步的态度才算高明，因为让人一步就等于为日后进一步做好了准备；待人接物抱以宽厚真诚的态度为最快乐，因为给人家方便是日后给自己留下方便的基础。

◎ 直播课堂

上古时期的古公亶父和他的部落先是居于邠地，他们不时受到狄人的侵扰。狄人来犯，亶父便以皮裘、丝绸相与；狄人再犯，又以好狗名马相与；亶父采取的是不抵抗政策。亶父不抵抗，是因为亶父的部落很弱小，完全不具备抵抗的条件。但是，如此几次三番，狄人仍然没有停止侵犯。

亶父明白了狄人的意图，便召集邠地长老，对他们说：“狄人所要的是我们的土地，土地本是养人之物，我不能因为它而使人遭害。我们只好离开，放弃它了。”于是亶父将自己的部落迁到岐山，最终不仅保存下来，而且发展了强大的基业。孟子认为，亶父在不得已时采取的暂时规避，正是智者成事之心。

远害全身　韬光养德

◎ 我是主持人

做人要学会分享，有什么荣誉成功，只有分享给身边的人，才能感觉到真正的快乐，既搞好了相互之间的关系，又让自己留下美名。

◎ 原文

完名美节，不宜独任，分些与人，可以远害全身；辱行污名，不宜全推，引些归己，可以韬光养德。

◎ 注释

韬光：韬，本义是剑鞘，引申为掩藏。韬光是掩盖光泽，比喻掩饰自己的才华。萧统《陶靖节集序》说：“圣人韬光，贤人遁世。”

远害全身：远离祸害，保全性命。

养德：修养品德，诸葛亮《诫子书》说：“君子之行，以静养身，以俭养德。”

◎ 译文

不论如何完美的名誉和节操，不要一个人独占，必须分一些给旁人，才不会惹起他人忌恨、招来灾害，而得以保全生命安全；不论如何耻辱的行为和名声，不能完全推到别人身上，要自己承担一部分，只有这样才能掩藏自己的才智而更多地修养品德。

◎ 直播课堂

一个有修养的人，应该知道居功之害。同样，对那些可能玷污行为和名誉的事，也不应该全部推诿给别人。据《史记》载：在鲁哀公十一年那场抵御齐国进攻的战斗中，右翼军溃退了，孟之反走在最后充当殿军，掩护部队后撤。进入城门的时候，他用鞭子抽打马匹，说道："不是我敢于殿后，是马跑不快。"他这样做是为了掩盖自己的功劳。

从消极方面说，人立身处世，不矜功自夸，可以很好地保护自己。韩信是汉朝的第一大功臣：在汉中献计出兵陈仓，平定三秦；率军破魏，俘获魏王豹；攻下代，活捉夏说；破赵，斩成安君，捉住赵王歇；收降燕；扫荡齐；历挫楚军。连最后垓下消灭项羽，也主要靠他率军前来合围。司马迁说："汉朝的天下，三分之二是韩信打下来的；项羽，是靠韩信消灭的。"但是，功高震主，本来就犯了大忌，加上他又不能谦退自处，看到曾经是他的部下的曹参、灌婴、张苍、傅宽等都分土封侯，与自己平起平坐，心中难免矜功不平。樊哙是一员勇将，又是刘邦的姨夫，每次韩信访问他，他都是"拜迎送"，但韩信一出门，就要说："我今天倒与这样的人为伍！"最后，终于一步步走上了绝路。后人评价说："如果韩信不矜功自傲，不与刘邦讨价还价，而是自隐其功，谦让退避，刘邦再毒，大概也不会对他下手吧？"当然，对韩信的遭遇，这种看法是否恰当、公允，或者是否还有别的公正的评价，这里姑且不论。但韩信的态度、遭遇的确是一个教训，也尤其使有才有功者在这个问题上深思猛醒！从历史上看历代君主多半都看重开国功臣，但功高震主者则有亡身危险。

人情世路　应识退让

◎ 我是主持人

每个人都有顺利的时候，也有坎坷的时候，这本是正常的。因此在为人处世的时候，最好抱着宽容的心态，给自己多留一条后路。

◎ 原文

人情反复，世路崎岖。行不去，须知退一步之法；行得去，务加让三分之功。

◎ 注释

人情反复：是指人的情绪欲望，反复变化无常。

◎ 译文

人世间的人情冷暖是变化无常的，人生的道路是崎岖不平的。因此当你遇到困难走不通时，必须明白退一步的为人之道；当你事业一帆风顺时，一定要有谦让三分的胸襟和美德。

◎ 直播课堂

为人处世必须学会谦恭、礼让，不能处处都想占胜，不能事事都要露一手，难行的地方退一步或许会海阔天空。人生得意的时候也应把功劳让与别人一些，不要居功自傲，不能得意忘形。何况人类的情感无比复杂，人心的变化也是奥妙无穷。今天认为是美的东西，明天就有可能认为是丑，今天认为是可爱的东西，明天就有可能是可恨。所谓“人情冷暖，世

态炎凉”，也就是“人情反复，世路崎岖”的道理。

尤其世路多险阻，人生到处都有陷阱。这就要培养高度的谦让美德，遇到行不通的事不要勉强去做。换句话说，人生这条路有高低、有曲折、有平坦，当你遇到挫折时必须鼓足勇气继续奋斗，当你事业飞黄腾达时，不要忘记救助那些穷苦的人，因为这样可以为你自己消除很多祸患于未然。这样，知退一步之法，明让三分之功，不仅是一种谦让美德，而且也是一种安身立命的善策。

方圆并用　宽严互存

◎ 我是主持人

为人处世要讲究策略，该宽容的时候宽容，该严厉的时候就必须严厉，方圆并用，才能让自己在各种事情中游刃有余。

◎ 原文

处治世宜方，处乱世当圆，处叔季之世当方圆并用。待善人宜宽，待恶人当严，待庸众之人宜宽严互存。

◎ 注释

治世：指太平盛世，政治清明，国泰民安。

方：指品行端正。

乱世：治世的对称。

圆：没有棱角，圆通，圆滑，随机应变。《易经·系辞》说：“是故蓍之德，圆而神，卦之德，方以知。”

叔季之世：古时少长顺序按伯、仲、叔、季排列，叔季在兄弟中排行最后，比喻末世将乱的时代。《左传》云：“政衰为叔世”“将亡为季世”。

◎ 译文

生活在政治清明天下太平时，待人接物应刚直严正，爱憎分明；处在政治黑暗天下纷争混乱的时代，待人处世应圆滑老练随机应变；在国家将要衰亡的末世时期，待人接物就要刚直与圆滑同时施展。对待善良的君子要宽厚，对待邪恶的小人要严厉，对待一般平民大众要宽严互用。

◎ 直播课堂

孔子说：“天下太平，就出来做官；政治黑暗，就退避隐居。因为，天下太平而自己贫贱是耻辱；政治黑暗而自己富贵也是耻辱。”

《论语》里，孔子不只一次说过应该以两种方式处世的话：《公冶长》篇中，他赞扬南宫适“邦有道，不废；邦无道，免于刑戮”，并把侄女嫁给了他。《泰伯》篇中，他说：“有道则见，无道则隐。”《宪问》篇中，他又说：“邦有道，谷（做官领薪俸）；邦无道，谷，耻也。”《卫灵公》篇中，他称赞蘧伯玉，“邦有道，则仕；邦无道，则卷而怀之（把本领收起来揣在怀里，指退隐）。”这是一种“识时务”的行为，同时也是一个谋道谋国兼谋身，全身自保的策略。按照这种行为与策略，他应该赞同长沮、桀溺，他们在坏东西像洪水一样到处都是的时候，知难而退，避迹躬耕，可以“免耻”“免刑戳”，可以洁身问道。

虚圆建功　执拗败事

◎ 我是主持人

能建立功业的人，大多都是人际关系的高手，处事圆滑，在各种社交关系中游刃有余，才会得到众多人的拥戴。

◎ 原文

建功立业者，多虚圆之士；偾事失机者，必执拗之人。

◎ 注释

虚圆：谦虚圆通。

偾事：败事。《礼记·大学》中有："此谓一言偾事"。

◎ 译文

能够建大功立大业的人，大多都是能谦虚圆滑、灵活应变的人，凡是惹是生非、遇事坐失良机的人，必然是那些性格执拗、不肯接受他人意见的人。

◎ 直播课堂

孔子说："有向学之志的人，未必能取得某种成就；取得某种成就的人，未必做每件事都合乎原则；做每件事都合乎原则的人，未必懂得根据实际情况灵活变通。"

《公羊传》记载：祭仲为鲁国宰相，鲁桓公十一年，他到留国去吊丧，途经宋国，宋国把他拘留起来，要他废掉勿而立突为鲁君，他答应了。这是出卖国君的大事，他为什么答应呢？一、他不答应，不仅鲁君保不住，连鲁国也保不住，君轻国重，权衡轻重，不得不答应；二、自己没有私心私念，不是受人迫胁、贪生怕死，所以敢于承担废除国君的罪恶来保存国家社稷。这两条很关键，所以《公羊传》把它作为灵活权变的一个典范事例加以引述。就是在今天，这个例子也还很有意义。相反，像孟子所谓"嫂溺而援之以手"这样违反"男女授受不亲"的权变，虽然当时多么慎重地当一件事情说，而现在看来，倒像小孩过家家似的了。

弥缝人短　化诲其顽

◎ 我是主持人

在与人交往中，一定要学会给人留面子，千万不要当众指责对方的过失，这样不仅不会显得自己高明，还给自己树立了一个敌人。

◎ 原文

人之短处，要曲为弥缝，如暴而扬之，是以短攻短；人有顽的，要善为化诲，如忿而嫉之，是以顽济顽。

◎ 注释

曲：含蓄、婉转尽力。

弥缝：修补、掩饰。

顽：愚蠢之处。

暴而扬之：揭发而加以传扬。

济：救助。

◎ 译文

发现别人有缺点过失，要很婉转地为他掩饰或规劝，假如在很多人面前揭发传扬，这不仅伤害别人的自尊心，也证明自己的无知和缺德，是用自己的短处来攻击别人的短处；发现某人个性比较愚蠢固执时，就要很有耐心地慢慢诱导启发他，假如厌恶他，不仅无法改变他的愚蠢固执，同时也证明了自己的愚蠢固执，就像是用愚蠢救助愚蠢。

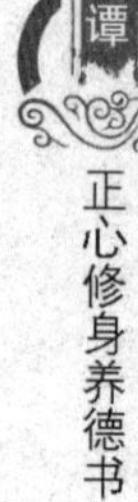

◎ 直播课堂

“施行教育应不分对象。”在孔子眼里，不管你是穷也好，是富也好，是官家弟子也好，是老百姓也好，是南方人也好，是北方人也好，是老人也好，是年轻人也好，一视同仁，大家都有受教育的权利。孔子这种不分阶级、不分种类的教育思想，是他思想中民主性光华的一种深刻体现。

在孔子的教育思想中，因人施教占有相当大的分量。如冉雍不善言辞，孔子就教导他要多锻炼口才；子路爱好勇武，孔子就教导他要保持冷静；司马牛生性急躁，孔子就教导他要讲话稳重。

孔子的教育方法至今依然耀人眼目，启人智慧。

仙涯和尚在博多寺任住持时，学僧甚多，僧徒中有一名叫湛元的弟子。城里花街柳巷很多，湛元时常偷偷地爬过院墙，到红街去游乐。他的心太花了，一听说哪条巷子里又来了一位如花似玉的美姬，就下定决心要去一次。一来二去寺内的僧众们都传开了，这事连住持仙涯和尚也知道了。别人认为要把湛元逐出山门，可仙涯住持只应了一声：“啊，是吗？”一日，一个雪花飘飘的晚上，湛元拿了一个洗脸盆垫脚，又翻墙出去游春了。仙涯和尚知道后，就把那个盆子放好，自己在放盆子的地方坐禅。雪片覆满了仙涯住持的全身，寒气浸透了他的筋骨。拂晓时分，湛元回来了，他用脚踩在原来放盆的地方，发现踩的东西软绵绵的，跳下地一看，原来是住持，不觉大吃一惊，仙涯住持说：“清晨天气很冷，快点去睡吧，小心着了凉。”说完站起身来，就像没事人似的回到方丈室里去了。

二语并存　精明浑厚

◎ 我是主持人

人世间险恶，所以要时刻保持警惕，不给坏人以可乘之机。同时，也要保持一份宽厚之心，与人交往真诚淳朴一些。

◎ 原文

害人之心不可有，防人之心不可无，此戒疏于虑者。宁受人之欺，毋逆人之诈，此警伤于察者。二语并存，精明浑厚矣。

◎ 注释

逆：预先推测。

察：本意是观察，此处作偏见解，有自以为是的意思。据《庄子·天下》篇："道德不一，天下多得一察焉以自好。"

◎ 译文

"害人之心不可有，防人之心不可无"这句话是用来劝诫在与人交往时警觉性不够、思考不细的人；宁可忍受他人的欺骗，也不愿事先拆穿人家的骗局，这是用来劝诫那些警觉性过于精细的人；如果一个人在和人相处时能牢记上面两句话并心存警诫，那才算是警觉性高又不失纯朴宽厚的为人处世的准则。

◎ 直播课堂

儒家一贯主张的中庸之道，是说为人为事都要讲究不偏不倚，过与不及都会于人于事不利。因此，淡泊名利、忠厚老实是最基本的生活准则，但也不能太过。过于忠厚老实，在生活中就会不善于周旋应付，显得单调乏味，别人也不愿与之多有接触，即使是勉强交往，感情也不易加深，只会觉得枯燥乏味，因此，办事往往不顺利。

由此可知，生活中也必须要一点圆活灵通，通权达变。不仅仅是不断发生的新情况需要随机应变地去应付解决，就是常规的办事，也往往能在富有人情味的圆滑中顺利地办成。圆活灵通不能太过，太过则显得油腔滑调，轻浮肤浅，在办事中不易使人产生信任感，因而事情很难办成。总而言之，在现实生活中，要恬淡中带有几分圆滑，圆滑中不乏老成，这才是处事待人的妙谛。

善勿预扬　恶勿先发

◎ 我是主持人

人怎么才能接近自己敬重的人，远离自己讨厌的人呢？《菜根谭》中指出，千万不要急躁冒进，稳扎稳打才是首要。

◎ 原文

善人未能急亲，不宜预扬，恐来谗谮之奸；恶人未能轻去，不宜先发，恐招媒孽之祸。

◎ 注释

急亲：急切与之亲近。

预扬：预先赞扬其善行。

谗谮：颠倒是非，恶言诽谤。

媒孽：借故陷害人而酿成其罪。

◎ 译文

要想结交一个有修养的人不必急着跟他亲近，也不必事先来赞扬他，为的是避免引起坏人的嫉妒而背后诬蔑诽谤；假如想摆脱一个心地险恶的坏人，绝对不可以草率行事随便把他打发走，尤其不可以打草惊蛇，以免遭受这种人的报复陷害。

◎ 直播课堂

庄子在《列御寇》中引用孔子的一段话，特别指出“人心险恶”。孔子说：“人心的险恶，超过了山川。想了解它，比了解天还难。天的春夏秋冬、白天黑夜还有个定准，人的外貌像厚厚的外壳，深深地掩盖真情。所以有的外貌敦厚而内心轻浮，有的心如长者而貌如不肖。有的外貌急躁，内心却通情达理，有的外貌严厉，心里却非常和气，有的外貌和善，心里却十分凶悍，所以那些追求仁义如饥似渴的，他们抛弃仁义也如逃避烈火。所以君子让他们在远方服务以观察他们是否忠诚，让他们在近处服务来观察他们是否勤恳，让他们处理繁难的事情来观察他们的才能，突然向他们发问来观察他们的知识，仓促约定来观察他们的信用，委托他钱财来观察他是否贪财，告诉他事情危险来观察他的节操，让他喝醉看他是否遵守规则，男女杂处观察他如何对待女色。九个方面综合起来，就可以分清好坏。”

行道中庸　方是懿德

◎ 我是主持人

儒家奉行中庸之道，就是教导人们凡事要把握一个“度”，千万不要走极端。这种说法，在为人处世中也十分有用。

◎ 原文

清能有容，仁能善断，明不伤察，直不过矫，是谓蜜饯不甜、海味不咸，才是懿德。

◎ 注释

伤察：失之于苛求。

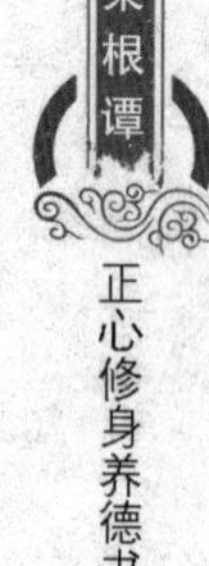

蜜饯不甜：蜜饯不过分甜。

懿德：美德。如《诗经》中有："民之秉彝，好施懿德。"

◎ 译文

清廉纯洁而有容忍的雅量，心地仁慈而又能当机立断，精明而又不失之于苛求，性情刚直而又不矫枉过正。这种道理就像蜜饯虽然浸在糖里却不过分的甜，海产的鱼虾虽然腌在缸里却不过分的咸，一个人要能把持住这种不偏不倚的尺度才算是为人处世的美德。

◎ 直播课堂

在现实生活中，做事火候不到，又或者过火，就不能成功；做人斤斤计较，没有气度，就难容于世。做事把握好尺度是事情成败的关键，做人拥有容人的气度是赢得他人好感的关键。把握好这两点，才能够顺利渡过坎坷、艰难，才能走向成功，实现人生的理想。

做人，要把握分寸；做事，要掌控尺度。做人，要心无边，行有度；做事，要进有招，退有术。有些事，你看到了并非看清了，看清了并非看懂了，看懂了并非看穿了，看穿了并非看开了。

田看收成　人重晚情

◎ 我是主持人

怎样才能留下一个好名声呢？不仅要在开始就保持高尚的品德，做正义的事，在快要结束的时候也要如此，正所谓"有始有终"。

◎ 原文

声妓晚景从良，一世之烟花无碍；贞妇白头失守，半生之清苦俱非。语云："看人只看后半截"，真名言也。

◎ 注释

声妓：本指古代宫廷和贵族家中的歌舞伎，此指一般妓女。

从良：古时妓女隶属乐籍（户），被一般人视为贱业，脱离乐户嫁人，就是从良。

烟花：古时妓女的代称，此指妓女生涯。

◎ 译文

妓女以卖身卖笑为业，如果到了晚年能嫁人当一名良家妻子，那么她以前的妓女生涯并不会对后来的正常生活构成伤害；可是一个一生都坚守贞操的贞烈妇女，假如到了晚年由于耐不住寂寞而失身，那她半生守寡所吃的苦都会付诸东流。俗话说："要评定一个人的功过得失，关键是看他后半生的晚节。"这真是一句至理名言呀。

◎ 直播课堂

人生晚节不保是可悲可憎，只有活到老学到老，不断立新功，才可能保持一个完整的人格，实现道德的完善。人生实际上是很艰难的。俗话说："浪子回头金不换""放下屠刀立地成佛""苦海无边回头是岸"，所有这些话都是在强调一种道理，就是一个人不论以前出身如何低贱或者如何堕落，只要能够痛下决心猛回头重新做人，世人不但原谅他们过去的失足与不幸，而且钦佩他们的毅力与勇气。反之，一个人虽然有很好的出身和过去，如果到了晚年受了诱惑误入歧途，就会做出所谓晚节不保、自毁名节的劣迹。例如汪精卫青年时代起就追随孙中山革命，而且立下了很多功劳。他当年冒死刺杀清摄政王，被俘后还写了一首壮志凌云的诗："慷慨歌燕市，从容作楚囚。引刀成一快，不负少年头。"岂料到了后半生却晚节不保，竟不顾民族大义甘为日寇傀儡。到南京成立所谓"新中华民国政府”，结果落得一个遗臭万年的汉奸罪名。反之吴佩孚虽然做了大半辈子祸国殃民的军阀，但是他到了晚年却能秉持民族大义不受日寇的威胁，结果为此而惨遭日寇杀害。可见一个人的晚节着实重要，这就是所谓“盖棺论定”的道理所在。人们对于朝闻道而夕死是大加褒扬的，因为过去的不足终因迟到的善举得以弥补。古语说：“看人只看后半截。”真是至理名言。这就是人生重结果，种田看收成的道理；不然的话，人生在世间就没有是非与公理了，那人和禽兽还有什么分别呢？

满腔和气　随地春风

◎ 我是主持人

人们都喜欢和热情开朗的人交往，因为那样能给自己带来正能量和好心情。在社交中，我们都要做给人带来快乐的人。

◎ 原文

天运之寒暑易避，人世之炎凉难除；人世之炎凉易除，吾心之冰炭难去。去得此中之冰炭，则满腔皆和气，自随地有春风矣。

◎ 注释

天运：指大自然时序的运转。

冰炭：此为争斗的意思。

春风：春天里温和的风，此处取和惠之意。

◎ 译文

大自然寒冷的冬天和炎热的夏天都容易躲避，人世间的炎凉冷暖却难以消除；人世间的炎凉冷暖即使容易消除，存积在我们内心的恩仇怨恨却不易排除。假如有人能排除积压在心中的恩仇怨恨，那祥和之气就会充满胸怀，如此自然也就到处都充满极富生机的春风。

◎ 直播课堂

人与人之间的相处是一门很大的学问，俗语说："世事洞明皆学问，人情练达即文章。"必须要通达人情事理，才知道如何与人相处，也就是说要善解人意，了解对方的个性及好恶，谅解他的弱点，顾及他的自尊心。我们应该有耐心，有气度。所以说，在待人问题上是积恩怨于心，还是"人我两忘，恩怨皆空"，决定于人的修养。

古代士人讲究宽以待人，强调"恕""忍"，就是要求待人时"以德报德，以直报怨"，使人际和谐，而自我怡然。做人当然不可无原则，提高自身修养的本身是为了以自身之德感化彼人之怨。如此就不会计较于个人的恩怨，不会陷入淹溺人际的苦恼，带来的定会是和气，是春风，是锦绣前程。

处世不偏　行事适宜

◎ 我是主持人

做事情一定要注重"适宜"，不要故意与人作对，也不要阿谀奉承，采取中庸的处事态度才是最保险的。

◎ 原文

处世不宜与俗同，亦不宜与俗异；作事不宜令人厌，亦不宜令人喜。

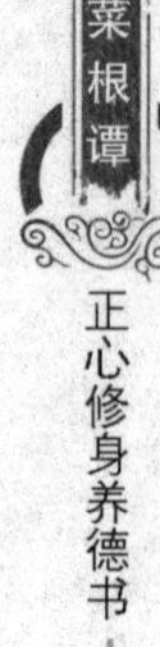

◎ 注释

与俗同：俗指一般人。

◎ 译文

处世既不能跟一般人同流合污做坏事，也不要标新立异，故作清高，故意与众不同；做事既不可以处处惹人讨厌，也不能凡事都阿谀奉承，博取他人的欢心。

◎ 直播课堂

孔子说："不在那个职位上，就不要去管在那个职位上的事。君子各专一职，兢兢业业做好自己岗位上的工作。"

韩非子更强调严惩那些侵官越职管闲事的人。他讲了这样一个故事：韩昭侯一次喝醉了酒，伏在几案上睡着了，专门为他管理帽子的人怕他受寒，就在他身上披了件衣服。韩昭侯一觉醒来，看见身上加了衣服，很高兴，就问旁边的人："谁给我加的衣服？"旁边的人回答说："管帽子的。"韩昭侯于是下令，把管衣服的和管帽子的一同治罪。韩非子认为：办事不力的应该受罚，越职管事的人应该处死。法家强调政治权术的绝对地位，因此这是一个极端的例子。

清净布施　不责人报

◎ 我是主持人

现代社会有句话叫作"帮人帮成仇"，帮人本是件好事，怎么会成为仇人呢？咱们看看《菜根谭》中是如何解释的吧。

◎ 原文

施恩者，内不见己，外不见人，则斗粟可当万钟之报；利物者，计己之施，责人之报，虽百镒难成一文之功。

◎ 注释

斗粟：斗是量器名，十升为一斗。粟是古时五谷的总称，凡未去壳的粮食叫粟。

万钟：钟是古时量器名。万钟形容多。

百镒：古时重量名，二十四两为一镒。

◎ 译文

施舍恩惠给别人的人，不可老把这种恩惠记在心头，不应有让别人赞美和回报的念头，这样即使是一斗米也可收到万钟的回报；一个用财物帮助别人的人，不但计较自己对人的施舍，而且要求人家的报答，这样即使是付出一百镒，也难收到一文钱的福报。

◎ 直播课堂

"施而无求"，可以孙思邈为楷模。孙思邈是唐代名医，在他的行医生涯中，"涤尽渣滓，斩绝萌芽"，献身医道，为大众解除疾苦，不受名利之诱。凡病家请求出诊，他从不瞻前顾后，不考虑自己的吉凶安危，也不惧怕路途遥远艰险，无论昼夜寒暑，饥渴疲劳，都要"一心赴救"，而且从不问病家地位高低、贵贱贫富，也不念恩怨亲疏，一视同仁。他不仅毕生救死扶伤，而且在古稀之年开始写《千金要方》，直至百岁高龄，仍然思路敏捷。

普度众生，首重布施，然而，布施应不图回报；布施应是给人利益，给人快乐，给人欢喜，给人方便。南北朝时期梁国的天子武帝是一位热心的佛教信徒，传说他曾身披袈裟，宣讲过《放光般若经》。世人尊称他为"佛心天子"。这等虔诚的信徒，听说大圣达摩从印度已到中国，自然是立即宣诏下旨，派人把达摩接进京城，一见面，武帝就开口问道："孤家建立了众多寺院，供养了许多僧众，抄了很多佛经，肯定有功德吧！”不料大师的回答与武帝的期待正好相反：“无功德。”思求功德谋现世利益的人，与真正的宗教是无缘的，因为只要有丝毫念己之心，便不是真正的善德了。

月盈则亏　物极必反

◎ 我是主持人

中国人都讲究含蓄，凡事要恰到好处，如果做到极致的话，反倒会带来意料不到的损害，“物极必反”讲的就是这个道理。

◎ 原文

花看半开，酒饮微醉，此中大有佳趣。若至烂漫，便成恶境矣。履盈满者，宜思之。

◎ 注释

烂漫：花朵绽放。

◎ 译文

赏花以含苞待放时为最美，喝酒以喝到略带醉意为适宜。这种花半开和酒半醉含有极高妙的境界。反之花已盛开而酒已烂醉，那不但大煞风景而且也活受罪。所以事业达到巅峰阶段的人，最好能深思一下这两句话的真义。

◎ 直播课堂

做人做事要适可而止，天道忌盈，人事惧满，月盈则亏，花开则谢，这些虽然是出于天理循环，实际上也是处事的盈亏之道。事业达于一半时，一切皆是生机向上的状态，那时足以品味成功的喜悦；事业达于顶峰时，就要以“如临深渊，如履薄冰”的态度来待人接物，只有如此才能持盈保泰，永享幸福。否极泰来，物极必反，就像喝酒喝到烂醉如泥，就会使畅饮变成受罪。有些人就上演了使后人复哀后人的悲剧。往往事业初创时大家小心谨慎，而到成功之时，不仅骄奢之心来了，夺权争利之事也多了。所以每个欲有作为的人都应记住“月盈则志，履满者戒”的道理。

骨肉亲情　如同本来

◎ 我是主持人

在这个世界上，有血缘关系的亲人是最亲密的，对待他们，我们应该完完全全的无私奉献，千万不能有一点索取之心。

◎ 原文

父慈子孝、兄友弟恭，纵做到极处，俱是合当如是，着不得一毫感激的念头。如施者任德，受者怀恩，便是路人，便成市道矣。

◎ 注释

合当：应该。

任德：以施恩惠于人而自任，受人感激。

市道：市场交易场所。

◎ 译文

父母对子女的慈祥，子女对父母的孝顺，兄姐对弟妹的爱护，弟妹对兄姐的尊敬，即使做到最完美的境界，都是骨肉至亲之间应该这样做的，

因为这完全都是出于人类与生俱来的天性，彼此之间不可以存在有一点感激的想法。如果施行的人以为是一种德，接受的人也都怀有感恩图报的心理，那就等于把骨肉至亲变成了路上的陌生人，而且把真诚的骨肉之情变成了一种市场交易。

◎ 直播课堂

庄子在与宋国的宰官荡曾经有过这么一段话：以敬行孝容易，以爱的本心行孝难；以仁行孝容易，以虚静淡泊的态度对待双亲困难；忘掉亲情容易，让双亲也能虚静淡泊地对待自己困难；让亲人忘我容易，要我虚静淡泊地对待天下就难；忘记天下容易，让天下忘我更难。所以具备天德的人不为尧舜，他施于后世的恩泽天下人都不知，这岂是侈谈仁孝能够做到的？孝悌仁义，忠信贞廉，都是为勉励自己而伤害天性，不足称道。所以，至贵就是连国君高位都不要，至富就连倾国财富都不顾，至愿就是弃声名毁誉于不顾。所以，大道是永恒不变的。

这里提及的家族人伦之爱，维系着中国社会几千年的传统。这种爱是自然的，是金钱权力所不能交易到的，是不存在德行与恩惠观念的，是感情生活中的一块净土。

念厚如春　念刻如冬

◎ 我是主持人

在社交中，人们都喜欢和胸怀宽厚的人交往，而讨厌和斤斤计较的人做朋友。因此，我们要时刻提醒自己，做一个胸怀宽广之人。

◎ 原文

念头宽厚的，如春风煦育，万物遭之而生；念头忌的，如朔雪阴凝，万物遭之而死。

◎ 注释

煦育：煦是温暖，育是化育，由此而万物生长。

朔雪阴凝：朔，北方。阴凝，雪因阴冷久积不化。

◎ 译文

一个胸怀宽宏忠厚的人，好比温暖的春风化育万物，能给一切具有生命的东西带来生机；一个胸襟狭隘斤斤计较的人，好比寒冷凝固的冰雪，能给一切具有生命的东西带来杀气。

◎ 直播课堂

孔子认为：宽是人的五德（恭宽信敏惠）之一。为人宽容，能得到众人爱戴，为政宽容，能使有才干的人各尽其力。如果没有宽宏的气度，不论为人或为政，都会受到影响。

《汉书·班固传》说班固为人宽和容众，不以才能骄人，深得大家喜爱。一个领导者气度宽大，才能使众人归心，为之尽力。《吕氏春秋·爱士篇》有一个故事：秦穆公丢了一匹拉车的马，找到的时候正被人煮了在吃。秦穆公叹了一口气说："吃骏马肉不喝酒是不好的。"于是给每个吃马肉的人一大碗酒。一年之后，秦晋大战于韩原，穆公被刺枪投中，战马已被晋军抓住，眼看就要成为俘虏。这时那曾经吃了马肉的三百多人冲了出来，个个舍生尽力，在穆公车下与晋人做殊死搏斗，终于大败晋军并俘虏了晋惠公。可以说，秦穆公转危为安，反败为胜，靠的是宽大容物有德行。

修身种德　事业之基

◎ 我是主持人

想做成一番事业，无疑要经过很多磨炼，但首要的是要会做人，只有会为人处世，才能给自己带来好名声，为事业打下根基。

◎ 原文

德者，事业之基，未有基不固而栋宇坚久者；心者，后裔之根，未有根不植而枝叶荣茂者。

◎ 注释

基：基础。《诗经·小雅》有“乐只君子，邦家之基”。

◎ 译文

一个人的高尚品德是他一生事业的基础，就如同兴建高楼大厦一样，假如不事先把地基打稳固，就绝对不能建筑坚固而耐久的房屋。前辈的居心行事，是后代的根本，根本不牢固而枝叶却能繁盛茂密，那是不可能的。

◎ 直播课堂

《论语》上说：成就事业，有一帮至亲骨肉，还不如有一帮德才兼备的人士。《荀子》上说：周文王并非没有亲戚子弟，并非没有近幸宠臣，但他从普通百姓中选拔一个姜太公，委以国事。文王与姜尚既不同姓，又不相识，而且姜尚已是七十二岁的老人，更无多少魅力，文王为什么要重用他呢？就因为文王想建立大功业，树立好名声，把天下统治好。

历史上，尧有十个儿子，但他不把王位传给其中任何一个而传给了舜，因为只有舜德高望重，堪当此任。舜有九个儿子，他不把王位传给其中任何一个而传给了禹，因为禹治水有功，对国家和人民做出了很大贡献。周文王发现并重用一个七十二岁的老人，依靠他灭殷兴周，以至于周武王在泰山的祝拜中，还念念不忘“虽有周亲，不如仁人”，可见不搞父子兵、以德才取人是多么重要！

退步宽平　清淡悠久

◎ 我是主持人

争强好胜的人，看似气焰嚣张，实际上并没有得到什么好处。须知退一步海阔天空，宽容才能带给自己更多的好处。

◎ 原文

争先的径路窄，退后一步自宽平一步；浓艳的滋味短，清淡一分自悠长一分。

◎ 注释

争先：此指好胜逞强。

◎ 译文

与人争强好胜时就觉得道路很窄，假如能退后一步让人先走，自然觉得路面宽平很多；太过浓艳的味道容易使人腻味，是短暂的，假如能清淡一分自然会觉得滋味历久弥香。

◎ 直播课堂

聪明人，不会一味地争强好胜，后退一步，避其锋芒，不仅能赢得旁观者的赞誉，也能赢得对手的尊重。不要让争强好胜损害你的形象，宽容是一种美德，宽容别人就是善待自己。

宽容是大家普遍具备的美德，但宽容伤害过自己的人却不是一般人能做得到的。但“心就是一个容器，当爱越来越多时，仇恨就会被挤出去。”我们不用刻意地去消除仇恨，只要不断用爱来充满内心就行了。一个人的心里充满了爱，仇恨就没有了立锥之地，看似宽容了别人，实是善待了自己！

莫惊奇异　能恒苦节

◎ 我是主持人

要想处好人际关系，一定要融入群众，跟大家打成一片，如果特立独行，标榜自己，最终只会成为孤家寡人。

◎ 原文

惊奇喜异者，终无远大之识；苦节独行者，要有恒久之操。

◎ 注释

恒：长久不变。

◎ 译文

一个喜欢标新立异甚至怪诞不经的人，绝对不会有高深的学识和远大的见解；一个只知道苦苦恪守名节而自以为清高独行其是的人，绝对无法保持恒久的信心操行。

◎ 直播课堂

雨季时和尚有三个月左右的时间禁止云游，在寺内修行，称为“夏安居”。有一年临济和尚修到一半就打破禁例，出门到黄檗修持的山上去。上山一眼见到师父黄檗正在诵读经书，临济心想：“我原以为师父是一个了不起的人物，想不到也只是个看经念佛的主。”几天之后，他决定下山。黄檗便说：“你违反禁例半途上山，如今又要半途下山去。”临济道：“我只想来跟师父打个招呼，问好。”于是黄檗把临济狠狠地揍了一顿，逐出了寺门。行了数里，临济忽生疑念，悄悄返回寺内，直到过完了夏安居。一日临济向黄檗辞行，黄檗问：“你去哪里？”“不往河南即河北。”黄檗当场又打，临济抓住黄檗的手，并出手把黄檗打了一下。黄檗哈哈大笑，认可了临济，就是承认临济真正悟道了。

现代社会，很多人打着追求个性的幌子让自己标新立异、与众不同，甚至不顾社会的基本道德约束，这种人看似新潮，实际上肤浅。还有一种人，过于执拗于传统道德，忽视内心的真实感受，这种人生又有什么快乐可言呢？

第五章
谨小慎微，戒骄戒躁

三国时期刘备说过：“不以善小而不为，不以恶小而为之。”这就是告诫我们为人处世必须谨小慎微，注意观察细节，做好最基本的事情。只有做好每一件小事，才能最终成就大事。在这个过程中，也要注意谦虚低调，千万不要骄傲自大，须知“天外有天，人外有人”。

骄矜无功　忏悔消罪

◎ 我是主持人

在生活中，即使一个人再成功，如果他自高自大、目中无人，我们也不会尊重他的。谦虚谨慎，才是智者所为。

◎ 原文

盖世的功劳，当不得一个矜字；弥天的罪过，当不得一个悔字。

◎ 注释

矜：骄傲、自负。据《尹文子》："名者所以正尊卑，亦所以生矜篡。"

弥天：满天、滔天的意思。

◎ 译文

即使有盖世超人的丰功伟绩，也承受不了一个骄矜的"矜"字所引起的反效果，假如居功自傲便会前功尽弃；即使犯了滔天大罪，也挡不住一个"悔"字，只要彻底忏悔，就能赎回以前的过错。

这一段有两层意思：一层是说"戒骄"，二层是说"悔罪"。关于戒骄的道理一般易为人们所接受，然而要真正做到"悔罪"则并非易事。

◎ 直播课堂

犯下滔天大祸的人，假如能够彻底忏悔，洗心革面重新做人，邪念就会全消，罪孽也可能灰飞烟灭，而且还会带来好的结果，这就是"弥天罪过，挡不住一个悔字"啊！

道家的思想是出世的，但道家的始祖老子并不反对建功立业，而且十分看重个人的功业，他只是主张建功而不居功，打天下建天下而不占有天下，独享天下。“功成身退，自然之道”，这是一种非常积极高尚的人生观，他认为每个人的责任就是献身社会，在政坛、战场上实现个人的价值，建立一番伟大的功业，等自己的使命完成以后，马上就应该隐退，空出舞台让后来人演出更辉煌的历史剧。如果打下天下就占有天下，那与强盗的抢劫有什么两样呢？庄子曾经尖锐指出过：“盗窃钩子的人被杀，盗窃国家的人成了王。”问题与道理就在这里。

以事后悔　破临事痴

◎ 我是主持人

人们总是对未曾经历的事情保持极大的好奇心，但是不妨想想假如自己真做到了，是不是真的会快乐，多想一下就会给自己做选择带来一些参考。

◎ 原文

饱后思味，则浓淡之境都消；色后思淫，则男女之见尽绝。故人常以事后之悔，悟破临事之痴迷，则性定而动无不正。

◎ 注释

性定：性是本然之性，亦即是真心；定是不安定、不动摇。即本性安定不动。

◎ 译文

酒足饭饱后再回想美酒佳肴的味道，这时所有的香甜美味都已经全部消失。房事满足之后再来回味性欲的情趣，那男女鱼水之欢的念头已经全部消失。所以假如人们能常用事后的悔悟，来作为另一件事情开始时的判断参考，那就可以减少错误而恢复聪明的本性。这样做事有了原则，一切行动自然都会合乎义理。

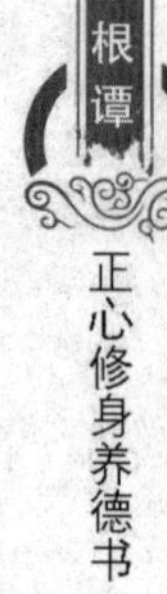

◎ 直播课堂

《礼记·中庸》上说："凡事预则立，不预则废。言前定则不跆，事前定则不困，行前定则不疚，道前定则不穷。"这里的"凡事预则立，不预则废"之说倒是一个极高明的思维。在中国历史上那些伟大的战略家都是这种思维的出色应用者。抗战时期的毛泽东主席在其著名的《论持久战》中就明确指出："'凡事预则立，不预则废'，没有事先的计划和准备，就不能获得战争的胜利。"凡事既要想到"胜势"又要预测到可能的"败势"，并且尽可能地在运势中变败势为胜势。这是如毛泽东这样的伟大战略家的思维特点。因此说，为了不亡羊，就得有不亡羊的防范措施；否则，亡了羊，已经造成了无法挽救的损失，而所谓的"补牢"那也不过就是以"惨痛失败"来换取教训而已。

名位声乐　不可贪图

◎ 我是主持人

人活于世，不能只注重名声地位和享受安逸，这些事情太过了，只会消磨人的意志，损害人的修为。

◎ 原文

饮宴之乐多，不是个好人家。声华之习胜，不是个好士子。名位之念

重，不是个好臣工。

◎ 注释

士子：指读书人或学生。

◎ 译文

经常举行宴会饮酒作乐的，不是一个正派的家庭；喜欢靡靡之音和爱穿华装艳服的，不是一个正派的读书人；名利和权位观念太重的人，不是一个好官吏。

◎ 直播课堂

《礼记》说："享乐不可过度，欲望不可放纵。"贪图享乐，放纵欲望，不仅伤害身体，还会让人精神颓废，不思进取，荒废学业和事业。正所谓："生于忧患，死于安乐。"我们人人都希望得到快乐，但如果放纵自己的欲望，过于贪图享乐，得到的并不是快乐，而是痛苦。人应该清心寡欲，积极进取才会得到真正的快乐。

贪图一时的享乐，懒散，不自律，没有节制，这些都是人性的弱点。贪图口福的人，会引起胃肠的不适；贪杯的人，会引起酒精中毒；贪凉的人，会引起全身性的免疫功能下降；贪赌的人，则会倾家荡产；贪财的人，更不会有好下场。人生是短暂的，无论是金钱还是利益都是身外之物，生不带来，死不带走，唯有生命是真实的，健康平安的过一生，不以物喜，不以己悲，让短暂的生命放出灿烂的光芒。

持盈履满　君子兢兢

◎ 我是主持人

种什么样的因，就会结什么样的果。如果你想以后幸福美满，事业成功，那就从此刻开始，检查自己的言行吧。

◎ 原文

老来疾病都是壮时招的；衰时罪孽都是盛时造的。故持盈履满，君子尤兢兢焉。

◎ 注释

持盈履满：指已达最好程度的美满的物质生活。盈是丰富，满指福禄。

兢兢：小心谨慎。

◎ 译文

一个人到了年纪大时，体弱多病，那都是年轻时不注意爱护身体；一个人事业失意以后还会有罪孽缠身，那都是在得志时贪赃枉法所造成的祸根。因此一个有高深修养的人，即使生活在幸福美满的环境中，也要凡事都兢兢业业，戒骄慎言以免伤害身体得罪他人，为今后打下好基础。

◎ 直播课堂

天机的奥妙是不可思议的，不要说未来的事不可预料，就连目前的事也很难推断。有时让人先饱受磨难后再春风得意，有时让人先得意一番后又陷入困苦挫折之中。有高深修养的人对此看得很清楚，并有一套最佳的对付之方：逆来顺受，居安思危。他们也很清楚，祸福、得失、苦乐在人自取，人能求福，也能避祸，求福与避祸，也全在自己。他们安而不忘危，存而不忘亡，治而不忘乱。思危就可以求安，虑退方能得进，惧乱然后可以保治，戒亡然后可以求存。正因为有高深修养的人能够做到这种程度，所以上天也无法施展他捉弄人的伎俩了。

谨于至微　施于不报

◎ 我是主持人

最有德行的人，往往最谨小慎微，他们会时刻反省，检查自己的一言一行，考虑未来的各种可能，只有这样才能有备无患。

◎ 原文

谢事当谢于正盛之时，居身宜居于独后之地，谨德须谨于至微之事，施恩务施于不报之人。

◎ 注释

不报之人：无力回报的人。

◎ 译文

要退隐应在事业正兴盛的时候放下，处身应处在众人的后面。谨言慎行必须从最小的地方做起，一个人想要帮助别人应该帮助那些无法回报你的人。

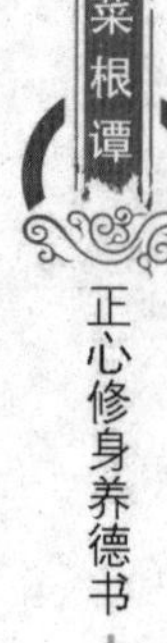

◎ 直播课堂

《论语·乡党》一篇，记述孔子平时一切言语、表情、行为均谨慎守礼，不贪、不骄、不苟且、不放肆的事实，其中包含着在现代生活的人情礼节中仍然有参考价值的内容。例如：孔子与乡亲、邻居相处，气色十分谦虚随和，好像自己不善于讲话似的，并不表现自己的道德学问高人一等；但上朝值班，虽然说话也很谨慎，可在关系礼法政策的大是大非问题上，却勇于也善于发表意见。这与那些对下骄傲卖弄，对上却温恭讨好的人，是多么不同呀！孔子坐车，总是很好地坐在自己的位子上，不左顾右盼，不大声讲话，不指指画画。

《礼记·曲礼》上还说，孔子坐车，不随便咳唾。行为有礼，也包括遵守公德。在公共场合，是不应该只顾自己，不顾他人的，以不文明为潇洒，做出许多丑态，就是污染他人的生活环境。

进步思退　着手图放

◎ 我是主持人

古代人说“未雨绸缪”，讲的就是人一定要多为以后考虑，从长远出发做事情，而不应该只看重当前的一点蝇头小利。

◎ 原文

进步处便思退步，庶免触藩之祸。着手时先图放手，才脱骑虎之危。

◎ 注释

触藩：进退两难。据《易经·大壮卦》：“羝羊触藩，不能退，不能遂。疏：‘退谓退避，遂谓进往。’”

骑虎之危：比喻做事不能停下的危险。据《隋书·独孤皇后传》：“当周之宣帝崩，高祖居入禁中，总百揆，后使人谓高祖曰：‘大事已然，骑虎之势不得下，勉之。’”

◎ 译文

当事业顺利进展时，就应该早有一个抽身隐退的准备，以免将来像山羊角夹在篱笆里一般，把自己弄得进退两难；当刚开始做某一件事时，就要预先策划好在什么情况下应该罢手，不至于以后像骑在老虎身上一般，无法控制形成的危险局面。

◎ 直播课堂

《诗经》中有一篇标题为《鸱鸮》的诗，描写一只失去了自己小孩的母鸟，仍然在辛勤地筑巢，其中有几句诗：“迨天之未阴雨，彻彼桑土，绸缪牖户。今此下民，或敢侮予！”意思是说：趁着天还没有下雨的时候，赶快用桑根的皮把鸟巢的空隙缠紧，只有把巢坚固了，才不怕人的侵害。后来，大家把这几句诗引申为“未雨绸缪”，意思是说做任何事情都应该事先准备，以免临时手忙脚乱。

人在做事的时候，要做好计划，既要详细筹划好过程，又要预测到可能发生的危机，给自己准备好一条后路。然而有的人，只是一味地进取，却不懂得未雨绸缪，不知道什么时候应该停止，这就容易造成骑虎难下的境况。要预防这种情况，就要事先给自己筹划好。

偏见害人　聪明障道

◎ 我是主持人

人最怕自作聪明和持有偏见，这样就听不进去别人的建议，阻塞了改

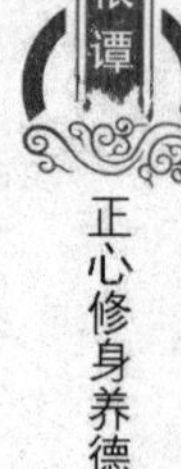

变自己提升自己的道路。只有谦虚谨慎，广开言路，才能让自己博采众家之长。

◎ 原文

利欲未尽害心，意见乃害心之蟊贼；声色未必障道，聪明乃障道之屏藩。

◎ 注释

意见：本意是意思和见解，此处为偏见、邪念。

蟊贼：蟊，害虫名，专吃禾苗，据《诗经·小雅》篇："及其蟊贼，传：'食根曰蟊，食节曰贼。'"因此世人把危害社会的败类称为蟊贼，这里当祸根解。

声色：泛指沉湎于享乐的颓废生活。

屏藩：原指保卫国家的重臣，此处当最大障碍解。据《左传·昭公二十六年》："建母弟以周屏藩。"

◎ 译文

名利和欲望未必都会伤害我的心性，只有自以为是的偏私和邪妄才是残害心灵的毒虫；声色享乐未必都会妨碍人的思想品德，只有自作聪明才是修悟道德的最大障碍。

◎ 直播课堂

有一个任国人问孟子的弟子屋庐子："礼和食物哪样重要？"屋庐子回答说："自然是礼重要。"那人又问："娶妻和礼，哪样重要？"屋庐子仍然回答是礼重要。那个任国人接着又提出了一连串的问题："既然礼重要，那么如果按照礼节去找吃的，便会饿死，不按礼节去找吃的，就可以找到吃的，那是要吃的还是要礼呢？如果按婚娶之礼行事，便得不到妻子，如果不按婚娶之礼行事，便会得到妻子，那是要妻子还是要迎亲礼呢？"屋庐子不能对答，第二天便赶去邹国，向孟子求教。孟子说："这个问题有什么难答复的呢？如果不揣度基点的高低是否一致，而只比较他们的顶端，那么在高处的一寸厚的木板，也会比高楼的尖顶还高。我们说，金子比羽毛重，难道是说三钱金子比一大车羽毛还重吗？拿吃的重要方面和礼的细节相比，何止于吃重要？拿婚姻的重要方面和礼节相比，何止于婚姻重要？你这样答复他：扭折哥哥的胳膊，抢夺他的食物，便可以得到吃的；不扭，便得不到吃的，那他是不是会去扭呢？爬过邻居的墙去搂抱邻家的女子，便可以得到妻室，不去爬墙搂抱，便得不到妻室，他是不是也会去爬墙搂抱呢？"

孟子的意思，清楚地告诉我们：不能被事物的细枝末节所迷惑，不能让事物的表象掩盖了事物的本质。这里有本有末，有轻有重，只有分清了本末轻重，才能准确地权衡度量，才能做出正确的选择。譬如礼为本，食物、婚娶为末，那任国人把两者混为一谈，所以使本来很清楚的问题成了一盆糨糊，屋庐子入了圈套，分不清本末，因而不能对答。同时也说明在人的修养中，必须注意克服主观盲动，切不可自以为是、自作聪明。扫除了这些心理上的障碍，方能修悟出真道德、真境界。

心虚理明　心实志坚

◎ 我是主持人

古往今来，人们都相信：谦虚使人进步，骄傲使人落后。谦虚的人才能不断进步，学到更多的学问和真理。

◎ 原文

心不可不虚，虚则义理来居；心不可不实，实则物欲不入。

◎ 注释

虚：谦虚，不自满。

实：真实，择善执着。

◎ 译文

一个人一定要有虚怀若谷的胸襟，因为只有谦虚才能容纳下真正的学问和真理；同时一个人也要有择善执着的态度，因为只有坚强的意志才能抵御外来物欲的侵入诱惑。

◎ 直播课堂

《庄子·秋水》中魏牟对公孙龙说："你的智慧不足以弄清是非的界限，还想弄明白庄子的话，这就像让蚊子背山，蚂蚁过河，一定不能胜任的。而且你的智慧不足以理解最微妙的言论，而只能自己求得一时的胜利，这不是井里的蛤蟆吗？庄子的理论，下入黄泉，上达云霄，不分南北，四通八达，难以测度；不分西东，开始于玄暗幽深，复归于无所不通。而你琐琐屑屑的追求明察，要求论辩，简直是从竹管里看天的大小，用锥子测地的深浅。不是太小了吗？你走开吧！况且你没听到寿陵的少年到邯郸学走路的事吗？赵国的走法没学会，自己的走法又忘了，只好爬着回家。现在你要是不走，就会忘了你自己的走法，丢了你的本业了。"

公孙龙张开的嘴合不上，翘起的舌头收不下了，于是就逃走了。

公孙龙为什么会这样呢？这就是刚才指出的，公孙龙无法理解庄子的思想。庄子以此告诫世人：假如一个人自以为是，排除外来的一切意见，那他的生命就犹如一潭死水，永远得不到社会人群的理解。

急处站稳　险处回首

◎ 我是主持人

外界环境千变万化，但人一定要保持坚定、清晰、冷静的头脑，认真分析自己所处的情况，从而做出正确的判断。

◎ 原文

风斜雨急处，要立得脚定；花浓柳艳处，要着得眼高；路危径险处，要回得头早。

◎ 注释

风斜雨急：风雨本指大自然中天象的变化，此指社会发生动乱，人世沧桑莫测。

路危径险：路和径都是指世路。

花浓柳艳：古代文人常用花来形容女子美貌，用柳来比喻女子风姿绰约。

◎ 译文

在动乱时代局势极度变化中，要把握住自己的脚步站稳立场；处身于姿色艳丽的女子当中，必须把眼光放得辽阔而把持住自己的情感，不致被美色迷惑；当人生之路出现艰难险阻时，要能止步猛回头，以免陷入迷惑中不能自拔。

◎ 直播课堂

所谓风斜雨急、花浓柳艳、路危径险都是比喻，比喻人生之路会有各

种艰难险阻出现。孔子在《论语·伯泰》篇中说："危邦不入，乱邦不居；天下有道则见，无道则隐；邦有道，贫且贱焉，耻也，邦无道，富且贵焉，耻也。"他又在《宪问》篇中说："邦有道，谷，邦无道，谷，耻也。""邦有道危言危行，邦无道危行言孙。"其实即使是古代邦有道，要富且贵就没有险隘？就能唾手可得吗？不论是有道无道之世，都应有操守，有追求，不怕难，不沉沦，不自颓，把持住自己的心性，遇事就不致沉陷于迷惑中。这都是儒家教诫世人的意旨，至今仍有其现实指导意义。

善根暗长　恶损潜消

◎ 我是主持人

修身立德这件事绝对不是一蹴而就的，它是从点滴事情开始累积的，只要我们认真做好当前的每一件小事，自然能有所得。

◎ 原文

为善不见其益，如草里东瓜，自应暗长；为恶不见其损，如庭前春雪，当必潜消。

◎ 注释

东瓜：就是冬瓜。

◎ 译文

一个常常做好事的人虽然表面上看不到什么好处，但行善的人就像一个长在草丛里的冬瓜，自然会在暗中一天天长大；一个常常做坏事的人，虽然表面上看不出有什么坏处，但作恶的人就像春天院子里的积雪，只要阳光一照射自然就会融化消失。

◎ 直播课堂

孔子说："仁是很高远的目标，但只要自己时时处处身体力行，也就能达到仁了。所以，达到仁的境界，全靠自己。这就像堆土成山，只差最后一筐土，你懒得去加，失败是你自己造成的；相反，即使才刚倒下了一筐土，只要你能坚持不懈，最后那座山就是你自己的力量建造的。"

仁是靠身体力行积累起来的，平时多行善事，便是仁的体现。做一件善事算不得仁者，行一件坏事也未必成了坏人，但是，量的积累必然引起质的变化。"善有善报，恶有恶报，不是不报，时辰未到。"这句话可是千古不朽的至理名言啊！

真廉无名　大巧无术

◎ 我是主持人

真正有才华有道德的人，可能不会第一眼就被人看出来，那是因为他们谨小慎微，有着强大的内心，不在乎外界的评价。

◎ 原文

真廉无廉名，立名者正所以为贪；大巧无巧术，用术者乃所以为拙。

◎ 注释

大巧：聪明绝顶。

◎ 译文

一个真正廉洁的人不与人争名，所以不一定有廉洁的名声，那些到处树立名誉的人，正是为了贪图虚名才这样做；一个真正聪明绝顶的人不会炫耀自己的才华，看上去反而显得很笨拙，那些卖弄自己聪明智慧的人，实际上是为了掩饰自己的愚蠢才这样做。

◎ 直播课堂

孟子说："有源的泉水总是汩汩涌淌，昼夜不息，注满所有低洼之处，然后继续奔流，汇入大海，假若无源，比如七八月间雨水频繁，大小沟渠也可以被灌满，但很快也就干涸了，所以名誉超过了实际，君子引以为羞耻。"他又说："有意料不到的赞扬，也有过于苛求的诋毁。做人应当了解这一点！"古语还有："聪明得福人间少，侥幸成名史上多。"

人生在世，确实有许多偶得虚名，而这偶得的虚名，自然更是当不得真的。想做点事业的人，应该认清真廉之名和大巧之人，以防被伪君子和耍小聪明的人所迷惑。

谨言慎行　君子之道

◎ 我是主持人

在现实社会中，大多数人都习惯于指责别人，而不是赞扬别人。因此，我们一定要谨言慎行，宁可显得笨拙一些，也不要事事出头。

◎ 原文

十语九中未必称奇，一语不中，则愆尤骈集；十谋九成未必归功，一谋不成则訾议丛兴。君子所以宁默毋躁、宁拙毋巧。

◎ 注释

愆尤：过失叫愆。尤，责怪。愆尤是指责归咎的意思。

骈集：骈，与并同，骈集就是接连而至。

訾议：诋毁叫訾。訾议，有非议、责难的意思。

◎ 译文

即使十句话能说对九句也未必有人称赞你，但是假如你说错了一句话就会遭受人的指责；即使十次计谋你有九次成功也未必得到奖励，可是其中只要有一次计谋失败，埋怨和责难之声就会纷纷到来。所以有修养的君子宁肯沉默寡言，不是经过深思熟虑的话不随便乱说；表情绝不冲动急躁，做事宁可显得笨拙一些，决不自作聪明显得高人一等。

◎ 直播课堂

一次，子路盛装来见孔子，孔子说："仲由，你这样衣冠楚楚，是什么原因呢？过去长江从岷山流出，开始在其发源地水流很小，只能浮起酒杯，流到大水的渡口，若不用两只船并列，不避开大风，就不能渡河，这不就是因为流水大的缘故吗？今天，既然你衣着华丽，脸上显示得意的样子，那么天下有谁愿意规劝你呢？"子路快步退出，改穿朴素的衣服进来，表示顺从。孔子说："仲由，你记住，把聪明都显示在脸上，现出能干的样子，这是小人。所以，君子知道就说知道，不知道就说不知道，这是言谈的要领。能够就说能够，不能就说不能，这是行为的准则。说话有要领，就是智。行为有准则，就是仁。言行既智又仁，哪里还有不足的地方呢？"

污泥不染　知巧不用

◎ 我是主持人

只有经受住考验，仍然保持本色，不为外物所动的人，才是真正的君子。《菜根谭》就是教导人们身在俗世，但仍能保持高洁的品性。

◎ 原文

势利纷华，不近者为洁，近之而不染者尤洁；智械机巧，不知者为高，知之而不用者为尤高。

◎ 注释

势利：指权势和利欲，《汉书·张耳陈余传》说："势利之交，古人羞之。"

智械机巧：用心计，使权谋。

◎ 译文

权力和财势使人眼花缭乱，不接近这些的人就清白，接近了而不受其污染那就更清白；权谋诡诈，不知道者算高明，知道而不使用那就更高明了。

◎ 直播课堂

人世间，有正必有邪，有君子必有小人，邪可能一时占上风，小人也会有得志的时候，但邪不压正，恶有恶报，也是世道的必然。由此观之，只要我们自身端正，小人终究是盖不过君子的。而且，能够自己行为端正，是不是一定要远小人、近君子以求自保，也都在其次了。鲁国大夫柳下惠并不拒绝在恶浊的国君手下做宾客，立于朝廷也不隐藏自己的才能，自己遭遗弃也不怨恨，穷困也不忧愁，同小人相处，也不一定要离开。他说："你是你，我是我，你纵然在我身边赤身露体，又哪能沾染我呢？"

孟子很欣赏柳下惠的做派，认为看柳下惠风节行止，胸怀狭小的人也会变得宽大起来，为人刻薄的人也能厚道起来。

责人情平　责己德进

◎ 我是主持人

儒家一直主张"反躬自省"，告诫人们多多检查自己的过失，对自己严格要求，而对别人要保持宽大的胸怀。

◎ 原文

责人者，原无过于有过之中，则情平；责己者，求有过于无过之内，则德进。

◎ 注释

原：原谅，宽恕。

责：当动词用，期望。

◎ 译文

对待别人要宽厚，当别人犯错误时，就像他没犯过错一样原谅他，这样才会使他心平气和走向正路；对待自己要严格，应在无过错时也要时时找找自己的差错，如此才能使自己的品德进步。

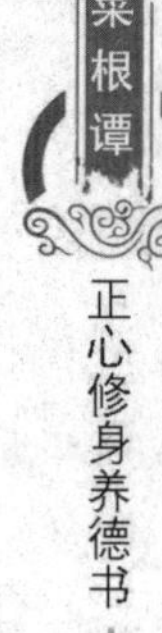

◎ 直播课堂

孔子说："反躬自责很严格，而对别人的要求很宽松，就不会带来多少怨恨。"孟子则说："要求别人很多，而自己做得很少，就像自己田里的草不锄跑去挑别人田地里的草，这种人是很讨人厌的。"

现在有一句话，叫作"从自己做起"，如果不是变成了口号，这是一句非常好的话，从自己做起，就是对自己严格要求，事事走在前面，以行动做示范，这样自然有力量。相反，自己做不到的，却要求人家做到，自己费好多努力才终于做到的，也要求人家做到，这首先就使人家不佩服，哪能有力量呢？所以终于把一句很有实际意义的话弄成了举着好看的口号。

让我们像孔子所说的，"躬自厚而薄责于人"，真正从自己做起！

持身不轻　用意勿重

◎ 我是主持人

做事情时，急躁和犹豫都不可取。急躁容易让人一时冲动，做出后悔之事，而犹豫不决则可能会让人错失良机。

◎ 原文

士君子持身不可轻，轻则物能挠我，而无悠闲镇定之趣；用意不可重，重则我为物泥，而无潇洒活泼之机。

◎ 注释

持身：做人的态度、原则。

轻：轻浮、急躁。

扰：困扰、屈服。

泥：拘泥。

◎ 译文

君子平时待人接物绝对不可有轻浮的举动，不可有急躁的个性，因为一旦轻浮急躁，就会把事情弄糟而使自己受到困扰，这样自然就会丧失悠闲镇定的气质；处理事情不可思前虑后想得太多，不然就会陷入受外界约束的局面，这样自然会丧失潇洒活泼旺盛的生机。

◎ 直播课堂

持身不可轻，用意不可重，可以看作是人的性格磨炼。所以杨朱说："人和天地阴阳的生存近似一类，怀有五行的禀赋，是生物中最为灵敏的。但人啊，指掌牙齿不足防卫自己，肌肉皮肤不足捍御自己，跑动不足以趋向有利方而逃离有害方，没有羽毛来抵抗冷热，一定要利用外物才能养活，因此运用才智不仗恃力气。所以聪明可贵，以能保存我为可贵；力量不足贵，以侵害外物为不足贵。然而身体不是我所有的，既已发生，便不能保全；外物也不是我所有的，既然有了它，便不得丢弃它；身体本是生存的主要条件，外物也是保养身体的必要物资。虽然保全生命，却不可以有自己的身体；虽然不丢掉外物，却不可以自己有那些外物。自己占有那些外物，占有自己的身体，这是无理地霸占外物和身体。不霸占自己身体和外物的，那只有圣人吧！把天下之身、天下之物认为是共有的，那只有圣人吧！这就叫最高境界顶天立地的大丈夫了。"

闻恶不就　闻善不亲

◎ 我是主持人

人生在世，凡事应该有自己的判断，千万不要人云亦云。只有经过自

己冷静的分析，才能得出正确的结论。

◎ 原文

闻恶不可就恶，恐为谗夫泄怒；闻善不可即亲，恐为奸人进身。

◎ 注释

就恶：立刻厌恶。

谗夫：用流言来陷害他人的小人。

◎ 译文

听说人家有过错或做了坏事，不可马上信以为真起厌恶之心，必须经过自己一番冷静的观察，这样就可以判断进谗的人是否有诬陷泄愤的意图；听到某人有善行做了好事，也不要立刻就相信他去交往亲近他，必须经过自己一番冷静观察，以免那些奸人谋官求职的手段得逞，免得引狼入室。

◎ 直播课堂

孟子说："左右皆曰贤未可也，诸大夫皆曰贤未可也，国人皆曰贤然后察之，见贤焉然后用之。"这可谓孟子识才方法上的至理名言，下面一则故事生动地说明了这一道理。

战国时，孔子的孙子子思对卫国的国君推荐苟变，认为他"是位可率领五百辆战车出征的奇才"。卫君却说："我是知道他可以当将军的，但是他在当收税官时，利用工作之便吃了别人两个鸡蛋，所以就没有重用他。"子思开导卫君说："圣人选拔官吏，就如同木匠选用木材，应当取其长，弃其短。您身处战争形势下，在提拔武将时，却因为两个鸡蛋而抛弃干城之将，这是不可以使别的国家知道的。"卫君再三感谢地讲："一定遵从您的劝告。"

斥小人媚　愿君子责

◎ 我是主持人

在现实社会中，我们最怕遇到小人，因为小人做坏事，并不让你看出来，相反他们经常戴着伪善的面具来迷惑我们。

◎ 原文

宁为小人所忌毁，毋为小人所媚悦；宁为君子所责备，毋为君子所包容。

◎ 注释

媚悦：本指女性以美色取悦于人，此指用不正当行为博取他人欢心。《史记·佞幸列传》有："非独女以色媚，士亦如之。"

◎ 译文

做人做事宁可遭受小人的猜忌和毁谤，也不要被小人的甜言蜜语所迷惑；做人做事宁可遭受君子的责备和训斥，也不要被君子的宽宏雅量所包容。

◎ 直播课堂

孔子说："君子公心爱物，不肯看到别人有所偏失不加以纠正，所以能和而不同；小人则相反，不是盲目附和，就是阿比取媚，像别人的影子一样，没有自己独立的意见。君子见大心广，心地坦然，从容舒泰而不骄矜做作；小人略有所见，即自以为是，意气飞扬，把全世界人都不放在眼里，没有一点安详舒泰的气象。”

古人说：“臧否损益不同，中正以训，谓之和言。”就是说，要有原则（中正以训），要敢提不同意见（臧否损益），这样在切磋琢磨中结成同志。小人就不是这样。不是因为愚蒙盲从，就是因为阿比图利——不管对与不对，只要能讨你欢心，他都会唯唯诺诺。

一念一行　都宜切戒

◎ 我是主持人

有句话叫作“牵一发而动全身”，很多看似不起眼的小事，如果处理不好，可能会引起一系列的连锁反应。

◎ 原文

有一念犯鬼神之禁，一言而伤天地之和，一事而酿子孙之祸者，最宜切戒。

◎ 注释

酿：本意当制酒解，此处指造成的意思。

切戒：深深地引以为戒。

◎ 译文

假如有一种邪恶的念头触犯了鬼神的禁忌，有一句话破坏了人间祥和之气，或者做了一件伤天害理的事成为后代子孙的祸根，所有的这些行为都必须特别加以警惕，绝不能去做。

◎ 直播课堂

庄子说："一念一行，都要谨慎。"不但立身处世要谨慎，而且每做一事都要谨慎。庄子是这样说的：

你不了解螳螂吗？奋起它的臂膀去阻挡滚动的车轮，不明白自己的力量全然不能胜任，还自以为聪明，自以为有力量。警惕呀，谨慎呀！经常夸耀自己的才智而触犯了它，就危险了！你不了解那养虎的人吗？他从不敢用活物去喂养老虎，因为他担心扑杀活物会激起老虎凶残的怒气；他也从不敢用整个动物去喂养老虎，因为他担心撕裂动物也会诱发老虎凶残的怒气。知道老虎饥饱的时刻，通晓老虎凶戾的秉性。老虎与人不同类却向饲养人摇尾乞怜，原因就是养老虎的人能顺应老虎的性子，而那些遭到虐杀的人，是因为触犯了老虎的性情。

爱马的人，以精细的竹筐装马粪，用珍贵的蚌壳接马尿。刚巧一只牛虻叮在马身上，爱马之人出于爱惜随手拍去，没想到马儿受惊便咬断勒口，挣断辔头，弄坏胸络。意在爱马却失其所爱，能不谨慎吗？

谦虚受益　满盈招损

◎ 我是主持人

时刻保持谦虚的心态，就能不断进步。骄傲自大，往往让别人生厌，阻塞了自己前进的道路。因此，我们一定要谨记"满招损，谦受益"的古训。

◎ 原文

欹器以满覆，扑满以空全；故君子宁居无不居有，宁处缺不处完。

◎ 注释

欹器：欹，不正的意思。欹器是古代用来汲水的陶罐，因提绳位于罐体中部，所以，一旦装满了水就会翻倒，当水满一半时能端正直立，当水空时就倾斜，古代帝王把它放在座位左侧，作为规劝警惕的器具。《荀子·宥坐篇》曰：“‘我闻宥坐之器者，虚则斜，中则正，满则覆。’孔子故谓弟子曰：‘注水焉！’弟子把水而注之，中而正，满而覆，虚而斜。孔子喟然叹曰：‘吁，恶有满而不覆者哉！’”

扑满：用来存零钱用的陶罐，有入口无出口，满则扑破取出。

◎ 译文

欹器因为装满了水才倾覆，扑满由于腹中空无一物才得以保全。所以一个品德高尚的君子，宁愿处于无争无为的地位，也不愿站在有争有夺的场所，日常生活宁可感到缺欠一些，也不愿要求过分完满。

◎ 直播课堂

酒足饭饱时，再美味的饭肴也引不起食欲；自满之心，朴实的真理也难以打动。耶稣也说过：“心贫者有福。”有一位大学者到南隐禅师处问禅，从哲学、科学的角度对禅大力评点了一番。南隐禅师一直默默地听着，并给他上茶。眼看茶杯已满，可南隐禅师还在向杯中倒水。学者说道：“老禅师，茶已溢出来了。”“是啊，你就像这只杯子一样。”南隐禅师说，“你的头脑中装满了那么多哲学、科学，我就是跟你说禅，你也装不进去啊！”学者事后感叹道：“茶杯的价值，不在乎它的质地、外形，而在于它的里面是空的。”

富多炎凉　亲多妒忌

◎ 我是主持人

人们可能会注意处理和普通朋友之间的关系，反而疏忽了身边的人。他们不知道，越是亲近的人，越容易出问题。

◎ 原文

炎凉之态，富贵更甚于贫贱；妒忌之心，骨肉尤狠于外人。此处若不当以冷肠，御以平气，鲜不日坐烦恼障中矣。

◎ 注释

冷肠：本指缺乏热情，此处指冷静的意思。

烦恼障：佛家语，例如贪、嗔、痴、慢、疑、邪见等都能扰乱人的情绪而生烦恼，就佛家来说这些是涅槃之障，故名“烦恼障”。《佛地论》：“身心恼乱不成寂静，名之为烦恼障。”

◎ 译文

世态炎凉，人情高低、冷暖、厚薄的变化，在富贵之家比贫穷人家显得更鲜明；嫉恨、猜忌的心理，在骨肉至亲之间比跟陌生人显得更厉害。一个人处在这种场合假如不能用冷静的态度来应对这种人情上的变化，不能用理智来压抑自己不平的情绪，那就很少有人能不陷入烦恼状态。

◎ 直播课堂

《无门关》中说：“业识茫茫，那伽大定。”那伽是梵语，意为龙、象。

业识即因为宿业（过去的行为）而产生的烦恼意识。意为因宿业而产生的烦恼妄想的迷惑之中，龙却端坐其中息虑凝心行禅定。这正是大乘佛教的精华。

有诗云：“白菊悦我目，不染一丝尘。”的确令人怡悦，它象征一种明净、清澈、率真、诚实的心境。然而这颗心还未脱去宗教的气味，即无视浊流滚涌的现实世界中的苦恼。这种境界是脆弱的，这种清静是闲居山林之间的小乘佛教的阿罗汉道。大乘佛教则不然，他们的信徒常以“泥中的莲花”自喻，也就是“烦恼即菩提”。在业识茫茫中体现佛心，才是真正的风流。东家儿郎、西家织女、斜街曲巷中的艺人，都有佛性。佛性不分贫富，不分贵贱。

澄吾静体　养吾圆机

◎ 我是主持人

人一定要对自己有正确的了解，判断自己现在处于什么水平，据此来处理和外界事物的关系。没有自知之明的人，往往会在纷杂的事物中迷失方向。

◎ 原文

把握未定，宜绝迹尘嚣，使此心不见可欲而不乱，以澄吾静体；操持既坚，又当混迹风尘，使此心见可欲而亦不乱，以养吾圆机。

◎ 注释

把握未定：意志不坚，没有自控能力。

澄吾：静悟。澄是形容水清而净。

静体：寂静之心的本性。

风尘：风起尘扬，喻人世扰攘。

圆机：佛教语，谓圆机为圆顿的机根，一念开悟即得佛果的根性。

◎ 译文

当意志还没有坚定，没有把握控制时，就应远离物欲环境的诱惑，让自己看不见物欲诱惑就不会心神迷乱，只有这样才能领悟到清明纯净的本色；等到意志坚定可以自我控制时，就要让自己多跟各种环境接触，即使看到物质的诱惑也不会心神迷乱，借以培养磨炼自己成熟质朴的灵性。

◎ 直播课堂

荀子说，一个凡人，积累善行到了尽善尽美的程度，就叫圣人。不断地追求才有不断的进步，不断地实行才有不断的成就，不断地积累才有不断的提高。所谓圣人，就是凡人的意志日复一日积累高贵的品行而成的。意志对人具有不可低估的影响，因为意志最稳定、最恒久。朝夕相处，耳濡目染，原来是这么一个人，不知不觉就变成了另外一个人。居住在楚国的人，遵从的是楚国的意志，于是他就成了一个楚国人。居住在越国的人，遵从的是越国的意志，于是他就成了越国人。意志是最自然、最隐秘、最深刻的积累。我们应该注重塑造自己，培养自我成熟质朴的灵性。

第六章
韬光养晦，远见卓识

为人处世，一定要着眼于长远，不要被眼前的蝇头小利所诱惑，也不要锋芒毕露。因为人世间充满险恶，成功之路也是坎坎坷坷，如果暂时不能达到自己的目标，也不要急躁，而应该暗自努力，掩藏才华，这样就能给自己一个相对安全的环境和恰当的发展时机。等到机会来临，就有了自己的用武之地。

心地光明　才华韫藏

◎ 我是主持人

我们说寻找本真，实际上是要保持一种心怀坦荡、光明磊落的状态。一个人言行举止各个方面都光明磊落，而不过分炫耀自己的才华和能力，这种人才是真正有修为的人。

◎ 原文

君子之心事，天青日白，不可使人不知；君子之才华，玉韫珠藏，不可使人易知。

◎ 注释

君子：泛指有才华和道德的人。《论语·劝学》："故君子名之必可言也，言之必可行也。"

使人：让人知晓。

玉韫珠藏：泛指珠宝玉石深藏起来。

◎ 译文

有道德懂修养的君子，其思想行为应该像青天白日一样，没有什么不能让人知道的阴暗行为；而他的才华和能力应该像珠玉一样深藏，从不轻易地向世人炫耀。

◎ 直播课堂

才华和一个人的修为并没有必然的联系，三国时候的杨修才华卓著，但是在个人修为上，他还是有所欠缺的，耀眼的才华给他带来的却是杀身之祸。无怪乎清代的王国维说：才华像一把宝剑，宝剑出鞘有可能会带来灾祸，而暗藏刀鞘之中，只要持剑人有坚定的内心，宝剑亦能展现出其价值。

国学大师南怀瑾在研习佛经的时候，也有类似的发现，他认为，一个真正有才学涵养的人是懂得如何与人相处的，同时又能保持心地光明。这不但体现了道德高尚之人的内在修养，更体现了其对于周围人的关怀。那种恃才傲物、盛气凌人的高傲之人虽然可逞一时之快，但终究会在与众人愤怒的对立中走向消亡。收起锋芒，归于平淡与坦诚，才能达到修身养性的目的。

恩里生害　败后成功

◎ 我是主持人

人一定要有警惕心，当你春风得意的时候，一定要考虑可能暗藏的问题；同时，当遇到挫折的时候，也不要轻易放弃。

◎ 原文

恩里由来生害，故快意时须早回头；败后或反成功，故拂心处切莫放手。

◎ 注释

恩：恩惠，蒙受好处。

快意：得意，心情舒畅。

拂心：不能随便依自己的意愿行事。

◎ 译文

身处顺境被当政者恩宠征用，往往会招来祸患，所以一个人在名利、权位上志得意满时应该见好就收，要有急流勇退、明哲保身的态度，尽早觉悟；不过遭受挫败后有时反而会使一个人走向成功，因此，遭受打击不如意时，千万不可就此罢休而放弃追求。

◎ 直播课堂

张良所以能成为千古良辅，被后世谋臣推崇备至，不仅在于他能运筹帷幄，决胜千里，佐刘邦创立西汉王朝，还在于他能因时制宜，适可而止，最后，既完成了预期的事业，功成名就，又在那充满悲剧的封建专制时代保全了自己。在秦汉之际的谋臣中，他比陈平思虑深沉，比蒯彻积极务实，比范增气度宽宏。他与萧何、韩信并称为汉初三杰，却未像萧何那样蒙受银铛入狱的凌辱，也未像韩信那样落得兔死狗烹的下场。自从汉高祖定都关中，天下初定，张良便托辞多病，杜门不出，屏居修炼道家养生之术。

汉六年（公元前201年）正月，汉高祖剖符行封。因张良一直随从划策，待从优厚，让他自择齐地三万户。张良只选了个万户左右的留县，受封为“留侯”。他曾说道：“今以三寸舌为帝者师，封万户，位列侯，此布衣之极，于良足矣。愿弃人间事，欲从赤松子（传说中的仙人）游。”他看到帝业建成后君臣之间的“难处”，欲从“虚诡”逃脱残酷的社会现实，欲以退让来避免重复历史的悲剧。事实也的确如此，随着刘邦皇位的渐次稳固，张良逐步从“帝者师”退居为“帝者宾”，遵循着可有可无、时进时止的处世准则。在汉初消灭异姓王侯的残酷斗争中，张良极少参与谋划；在西汉皇室的明争暗斗中，张良也恪守“疏不间亲”的古训，堪称“功成身退”的典范。

暗室磨炼　临深履薄

◎ 我是主持人

现在社会流行一句话叫“人前显贵，人后受罪”，说的就是一个成功的人，他在人前风光耀眼，可是你可曾知道他付出过的代价？

◎ 原文

青天白日的节义，自暗室漏屋中培来；旋乾转坤的经纶，从临深履薄处缫出。

◎ 注释

青天白日：光明磊落。

节义：名节义行，此处指人格。

暗室漏屋：无人处。

经纶：本指纺织丝绸，引申为经邦治国的政治韬略。

缫：抽茧出丝，此处意为整理、领悟。

临深履薄：面临深渊脚踏薄冰，比喻人做事特别小心谨慎。据《诗经·小雅》篇：“战战兢兢，如临深渊，如履薄冰。”

◎ 译文

光明磊落的人格和节操，大多是在暗室漏屋的艰苦环境中磨炼出来的；凡是可治国经邦的伟大政治韬略，都是从小心谨慎的做事态度中磨炼出来的。

◎ 直播课堂

孔子在陈、蔡两国之间被一群不明是非的人围困，他忍住饥饿，环顾四周景色，对弟子感叹道："天寒既至，霜雪既降，才知道松柏苍翠的颜色难得啊！"这是他从自己几十年坎坷经历的切身感受中总结出来的赞叹。

俗话说"滴水穿石"，英雄大业不是一蹴而就的，不经一番寒彻骨，哪有腊梅扑鼻香？成大功立大业，都得经过艰苦恶劣环境中的奋斗。一个有远大志向的人，仅仅接受磨难是不够的，因为受磨难和受得了磨难的人很多，却不是每个人都可以成为英雄。成功者的事业绝对不是在粗心大意中完成的，他们都是抱着"如临深渊，如履薄冰"的谨慎态度，一点一滴累积起来的。因此，胸怀上博大宽厚，光明磊落；细节上点滴积累；大事上眼光长远；加上坚强的意志，完善的人格，就可以为自己事业的成功奠定坚实的基础。

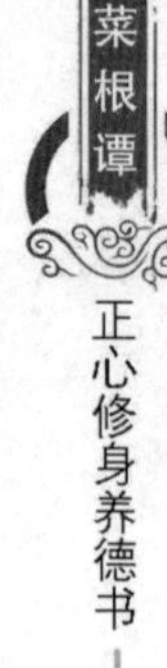

不形于言　不动于色

◎ 我是主持人

一个成熟的人，不会把自己的内心活动挂在脸上，喜怒不形于色。这样的人才能控制自己的情绪，他的前途事业也会比一般人要顺利得多。

◎ 原文

觉人之诈不形于言，受人之侮不动于色，此中有无穷意味，亦有无穷受用。

◎ 注释

觉：发觉，察觉。

诈：欺骗，假装。

形：表露。

◎ 译文

当发觉被人家欺骗时，不要在言谈举止中立刻表露出来；当遭受人家侮辱时，也不要立刻怒形于色。一个人能够有吃亏忍辱的胸怀，在人生旅途上自然会觉得妙趣无穷，对前途事业也会一生受用不尽。

◎ 直播课堂

孔子主张中庸，凡事都要不失人情物理，所以他说：不如以直报怨，以德报德。《礼记·檀弓》上记载，子夏问孔子：处在父母之仇中，怎么办？孔子说：应该有不共戴天的意志，睡草垫子，枕着刀枪，不做官，在路上碰到了仇人，不亮兵器就给予袭击。子夏又问：处在兄弟之仇中，怎么办？孔子说：应该不与他共住一国，在“国际”上遇着了他，只要不损害公事，就应该对他毫不客气。子夏又问：处在堂兄弟或朋友之仇中，怎么办？孔子说：自己不出头，但别人出头自己也应出一份力。这里，孔子把以直报怨的意思说得很清楚。

唐朝的娄师德，是世家公子，祖父历代都做大官，他弟弟到代州去当太守，他嘱咐说，我们娄家屡世余荫，所以难免被人说道。你出去做官，要认清这一点，遇事要能忍耐。他弟弟说，这我懂得，就是有人把口水唾到我脸上，我也自己擦掉算了。娄师德说，这样还不行。弟弟又说，那就让它在脸上自己干。娄师德说，这才对了。

鹰立如睡　虎行似病

◎ 我是主持人

看人不能只看外表，一个外表普通的人可能有着非凡的智慧和能力。

我们在生活中，也要善于隐藏自己的才华，当机会来临的时候，再适时展露出来。

◎ 原文

鹰立如睡，虎行似病，正是它攫人噬人手段处。故君子要聪明不露，才华不逞，才有肩鸿任钜的力量。

◎ 注释

攫：鸟兽爪抓取。

噬：啃咬吞食。

肩鸿：鸿通“洪”，大的意思。肩鸿即担负大责任。

◎ 译文

老鹰站在那里像睡着了，老虎走路时像有病的样子，这就是它们准备捕捉猎物前的状态。所以一个真正具有才德的君子要做到不炫耀，不显露才华，如此才能培养出肩负重大使命的力量。

◎ 直播课堂

古时有“扮猪吃虎”的计谋，以此计施于强劲的敌手，在其军前，尽量把自己的锋芒敛蔽，若“愚”到像猪一样，表面上百依百顺，装出一副为奴为婢的卑躬模样，使对方不起疑心，一旦时机成熟，便闪电般把对手击败。这就是“扮猪吃虎”的妙用。孔子说：宁武子在国家安定时是一个智者，在国家动乱时是一个愚人。他智的一面，别人赶得上，那愚的一面，别人无法赶上！宁武子历仕卫文公、卫成公两朝，在天下太平时，清简若无所效力，并不巧立名目，兴事弄术表现自己有才干，晋成公无道，他曾做过成公的诉讼人，使成公败诉。但当晋国把成公废黜、囚禁的时候，他利用自己的品德和为晋人所赞赏的地位，立朝不去，“从容大国之间，周旋暗君之侧”，一心保全卫国。后来，晋侯派人要毒死成公，他又贿赂医生，让他减少毒药的分量，保全了成公的性命。孔子赞扬“其愚不可及”，就是指上述这些表现。可见不露才华、不显能干，才能为日后的大业积攒后劲。

老子说：“得天下的不勉强去做，勉强去做的就不配也不能得天下。”我们可以这样理解：成功的领导，下属只知道他的存在，却不知道他的雄才大略和卓越政绩，没有谁想到要去为他捧场；稍次一级的领导，下属对他的能力十分钦佩，对他的为人品德非常感动，逢人就夸耀他，见到他就亲近他；再次一级的领导，由于订立了许多条条框框，自己又能严于律己，带头遵守这些规章制度，下属因对他恐惧敬畏而安分工作；最差劲的领导，则是些无才无德又喜欢无事生非整人的人，下属暗地里蔑视他和咒骂他。

最好的领导清静无为，从不轻易发号施令，但下属各自忠于职守，尽力把自己分内的事情办好，等到大功告成了，人们还不知道这是领导的功劳，大家甚至忘记了有领导的存在。这正是“故君子要聪明不露，才华不逞，才有肩鸿任钜的力量”。

浓夭淡久　早秀晚成

◎ 我是主持人

做人不要贪恋一时的名利地位，因为这些没有深厚的根基，很快就会烟消云散。只有从苦难中成长，真正磨砺出来的，才会有不可动摇的地位。

◎ 原文

桃李虽艳，何如松苍柏翠之坚贞？梨杏虽甘，何如橙黄橘绿之馨冽？信乎！浓夭不及淡久，早秀不如晚成也！

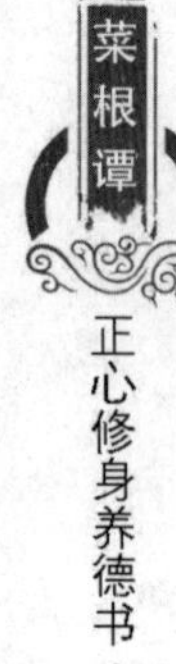

◎ 注释

馨冽：馨，芳香。冽，本意为寒冷，此处意为清香。

浓夭：夭，夭折，早逝。浓夭指美色早逝。

◎ 译文

桃树和李树的花朵虽然艳丽夺目，但是怎比得上一年四季永远苍翠的松树柏树那样坚贞呢？梨子和杏子的滋味虽然香甜甘美，但是怎比得上橙子和橘子经常飘散着清淡芬芳呢？的确不错，容易消逝的美色远不如清淡的芬芳，同理，一个人早有才名远不如大器晚成。

◎ 直播课堂

孔子说："数年发愤，勤奋苦读，而不想做官发财的人，真难得呀！"清代刘宝楠则是另外一种说法：《周礼》中已规定官府三年选拔一次人才，但有不满于"小成"（即做小官）的，则可以继续读书，读满九年，达到大成。孔子因为读书人"急于仕进，志有利禄，鲜（少）有不安小成者"，所以发出"不易得"的感叹。至于"早秀不如晚成"的说法，可能是因为少年得志易生骄狂，自我吹嘘而至堕落；而饱经忧患，历经沧桑，才体会到创业的艰难而安于守成。

位盛危至　德高谤兴

◎ 我是主持人

做人应该学会居安思危，当你身居高位或者生活美满幸福之时，一定不能沉醉其中，相反要清醒地分析可能会存在的问题。

◎ 原文

爵位不宜太盛，太盛则危；能事不宜尽毕，尽毕则衰；行谊不宜过高，过高则谤兴而毁来。

◎ 注释

爵位：官位。

行谊：合乎道义的品行。

◎ 译文

一个人的官位不可以太高，权势不能太盛，如果权势太高就会使自己陷入危险状态；一个人的才干本事不能一下子都发挥出来，如果都发挥出来就会处于衰落状态；一个人的品德行为不可以标榜太高，如果过高就会惹来无缘无故的毁谤和中伤。

◎ 直播课堂

《列子·说符》中有一段狐丘丈人和孙叔敖的对话。

狐丘丈人对孙叔敖说："一个人有三种被怨恨的事，你知道吗？"孙叔敖说："是什么？"答曰："爵位高的，遭别人妒忌；官位大的，被人主厌恶；俸禄丰厚的，所招的怨恨便来了。"孙叔敖说："我爵位越高，志向越低；我官位越大，野心越小；我俸禄越多，施舍越广。拿这个避免三种怨恨，可以吗？"

人与人之间的矛盾，利益之争，都是由于这三种怨恨引起的，所以为人处世最重要的是把握尺度。

孙叔敖病了，将要死去，警戒儿子说："王几次要分封我一块地方，我没接受。如果我死了，王就会封你，你一定不要接受好地方。在楚、越相交之处有个地方名叫寝丘，这地方没有多大出息，名字又丑恶，楚人相信鬼，越人不信楚忌，可以长久保持的只有这个地方。"孙叔敖死了，楚王果然拿一块好地方封给他的儿子，儿子推辞不接受，却请求寝丘这块地方。楚王给了他，以后很长一段时间都由他家保持着。

从这则故事中，我们可以看出，越是官居高位身家显赫的人，越应该保持低调，这样才能避免一些意料不到的中伤和毁谤。

勿逞己长　勿恃所有

◎ 我是主持人

真正有才华的人，往往看起来很普通，和常人无异；而那些没什么才华的人，反而天天表现自己，着实可笑！

◎ 原文

天贤一人，以诲众人之愚，而世反逞所长，以形人之短；天富一人，以济众人之困，而世反挟所有，以凌人之贫，真天之戮民哉！

◎ 注释

诲：作动词用，教导。

形：作动词用，比拟，表露。

戮民：戮此处当形容词，有罪。戮民是有罪之人。如《商君书·算地》篇中有“刑人无国位，戮民无官任”。

◎ 译文

上天让一个人聪明圣智，目的是派他去教导一般人的愚笨，可是世间一些稍具才智的人，反而在那里卖弄自己的才华来反衬那些天资比较差的平常人；上天让一个人有财富，目的是派他来救助贫苦的人，可是世上一般拥有财富的人，却仗恃自己的财富来欺凌穷人，这种人真是违背天意罪大恶极。

◎ 直播课堂

鲁定公问孔子：按一句话做就可使国家兴盛，有这事吗？孔子回答说，不应希望世上有这样简单的事。不过，大家都说：做国君很难，做臣子不容易，这大概可算是能一言兴邦的一句话。鲁定公又问：按一句话做就能使国家衰亡，有这事吗？孔子回答说，世上也没有这样简单的事。不过有人说：我做国君没别的快乐，只是说话很威风，没人敢违抗。如果尽说错话而又无人敢违抗，这就是可以一言丧邦的那句话。

正因为如此，古代的圣贤君主，登基牧民，常怀如履薄冰、如临深渊之思。《韩诗外传》说：天子受命，需受三策：一、接受这样重要的使命，怎么办呢？只能长久忧虑操心了；二、天命降在我身上，只有尽心尽职，躬行不殆；三、要想长保天命，就要刻苦自励，不可以用这个地位来谋求享乐。《韩非子·难一》中有一则著名的故事：晋平公召集群臣饮酒，喝到得意的时候，感叹说：做国君没什么好处，好处就只有权力大，没有人敢违背自己说的话。著名乐师师旷听了，抱着琴就向他身上猛撞。平公赶忙让开，说：太师你撞谁？师旷说：我听到一个小人在旁边说话，不自觉就撞了。有大臣说师旷犯君当诛，晋平公说：不要怪他，我自己应以此事作鉴戒。

藏巧于拙　寓清于浊

◎ 我是主持人

古人主张“狡兔三窟”“明哲保身”，就是教导人们一定要有远见卓识，多为以后考虑一些，万不可锋芒毕露。

◎ 原文

藏巧于拙，用晦而明，寓清于浊，以屈为伸，真涉世之一壶、藏身之三窟也。

◎ 注释

一壶：壶是指匏，体轻能浮于水。《鹖冠子·学问》篇中有“中流失船，一壶千金”，此处的一壶指平时不值钱的东西，到紧要时就成为救命的法宝。

三窟：通常都说成狡兔三窟，比喻安身救命之处很多。据《战国策·齐策》说：“狡兔有三窟，仅得免其死耳。今君有一窟，未得高枕而卧也，请为君复凿二窟。”

◎ 译文

做人宁可装得笨拙一点，不可显得太聪明；宁可收敛一点，不可锋芒太露；宁可随和一点，也不可太自命清高；宁可退缩一点，不可太积极前进，这才是立身处世最有用的救命法宝，才是明哲保身最有用的“狡兔三窟”。

◎ 直播课堂

一个人要真能得到立身处世的救命法宝，第一宜藏巧于拙，锋芒不露，第二还要有韬光养晦的修养功夫，为什么呢？请看《庄子·徐无鬼》中的一则故事：

吴王渡过长江，登上猕猴聚居的山岭。猴群看见吴王打猎的队伍，惊慌地四散奔逃，躲进了荆棘丛林的深处。有一个猴子留了下来，它从容不迫地腾身而起抓住树枝跳来跳去，在吴王面前显示它的灵巧。吴王用箭射它，它敏捷地接过飞速射来的利箭。吴王命令左右随从一齐上前射箭，猴子躲避不及抱树而死。

吴王回身对他的朋友颜不疑说：这只猴子夸耀它的灵巧，倚恃它的敏捷而蔑视于我，以致受到这样的惩罚而死去，要以此为戒啊！唉，不要用傲气对待他人啊！颜不疑回来后便拜贤士董梧为师以消除自己的傲气，弃绝淫乐，辞别尊显，三年后全国的人都称赞他。

谗言自明　媚阿侵肌

◎ 我是主持人

小人很少会直接陷害别人，他们往往会先通过甜言蜜语麻醉对方，当对方失去警惕心的时候再给予致命一击，这多么可怕啊！

◎ 原文

谗夫毁士，如寸云蔽日，不久自明；媚子阿人，似隙风侵肌，不觉其损。

◎ 注释

媚子阿人：媚子是擅长阿谀逢迎的人，阿人是谄媚取巧曲意附和人。

隙风：墙壁门窗的小孔叫隙，从这里吹进的风叫邪风，相传这种风容易使人身体得病。

◎ 译文

小人用恶言媚语毁谤或诬陷他人，就像点点浮云遮住了太阳一般，只要风吹云散太阳自然重现光明；小人用甜言蜜语阿谀奉承他人，就像从门缝中吹进的邪风侵害肌肤一样，使人们在不知不觉中受到伤害。

◎ 直播课堂

《荀子·不苟篇》中说：刚刚洗过澡的人会抖一抖他的衣裳，刚刚洗

过头的会弹一弹他的帽子，这是人之常情。谁愿意拿自己洁白的身体，去接受别人污黑的沾染呢？唐代有一个检校刑部郎中，名叫程皓，为人周慎，人情练达，从不谈人之短长。每当同辈之中有人非议别人，他都缄默不语。直到那人议论完后，他才慢慢地替被伤害的人辩解："这都是众人妄传，其实不然。"甚至，还列举出这个人的某些长处。有时，他自己在大庭广众被人辱骂，连在座的人都惊愕不已，程皓却不动声色，起身避开，说："彼人醉耳，何可与言？"与其诅咒黑暗，不如点燃一支蜡烛。

守口须密　防意要严

◎ 我是主持人

人们都不喜欢"长舌妇"，因为这种人没有信用度可言，总会把一些秘密到处张扬，闹得满城风雨。

◎ 原文

口乃心之门，守口不密，泄尽真机；意乃心之足，防意不严，走尽邪蹊。

◎ 注释

意乃心之足：形容心灵统帅的意识。

邪蹊：不正当的小路。

◎ 译文

口是心灵的大门，假如大门防守不严，内中机密就会全部泄露；意志是心的双脚，假如意志不坚定，就会走向歧途。

◎ 直播课堂

人际交往中不仅需要有守口如瓶的戒意，而且更要注意语言的艺术。一次，子路向孔子问道：“鲁国大夫在父母死后二十七个月的服丧期间睡在床上，合乎礼吗？”孔子说：“我不知道。”子路出来，告诉子贡：“我以为先生乃是无所不知的，先生也有一些不知道的事理！”子贡说：“你问些什么呢？”子路说：“我问鲁国大夫在服丧期间睡床，合乎礼吗？先生说不知道。”子贡说：“我给你去问先生。”子贡问孔子：“服丧睡床，合乎礼吗？”孔子说：“这不合乎礼。”子贡出来，告诉子路说：“你说先生是有些事不知道吗？先生乃博学之人，你问得不对。按照礼的规定，住在大夫所管的地方，不要说大夫的不是。”可见方法不当，云遮雾障，山重水复；方法正确，云开日出，柳暗花明。

善操身心　收放自如

◎ 我是主持人

人一定要善于操纵自己的身心，掌握事物的规律，对一切事做到收放自如。过于放任，和过于约束，都会对自己产生损害。

◎ 原文

白氏云：“不如放身心，冥然任天造。”晁氏云：“不如收身心，凝然归寂定。”放者流为猖狂，收者入于枯寂。唯善操身心者，把柄在手，收放自如。

◎ 注释

晁氏：晁补之，宋代巨野人，字无咎，善于书画，因慕陶渊明而修归来园，自号归来子。

寂定：断除妄心杂念而入于禅定状态。

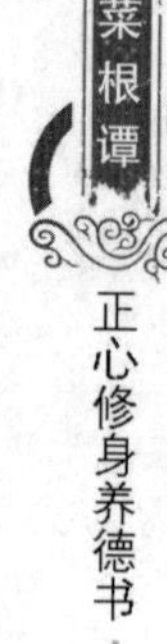

◎ 译文

白居易的诗说："凡事不如都放心大胆去做，至于成功失败一切听凭天意。"晁补之的诗说："凡事不如小心谨慎去做，以期望能达到坚定不移的境界。"主张放任身心容易使人流于狂放自大，主张约束身心容易使人流于枯槁死寂。只有善于操纵自己身心的人，才能掌握事物的规律，做到收放自如。

◎ 直播课堂

五祖法演和尚说："释迦也好，弥勒佛也好，都是他的奴仆。他是谁？"无门和尚对此颂道："他弓莫挽，他马莫骑，他非莫辩，他事莫知！"如果是真的自觉者，是不需要剽窃他人的学识，也不会人后随声附和的。而且，从自他不二的心境出发，他人之非即是己之非，怎么能恶语相向呢？

冷眼相看　勿动刚肠

◎ 我是主持人

每个人都要学会控制自己的情绪，遇事不要急躁冒进，先告诉自己冷静下来，分析事情的前因后果，然后再做打算。

◎ 原文

君子宜净拭冷眼，慎勿轻动刚肠。

◎ 注释

冷眼：冷眼观察。“元曲”中有“常将冷眼观螃蟹，看你横行到几时”的句子。

刚肠：个性耿直。嵇康《绝交书》说：“刚肠疾恶，轻肆直立，遇事便发。”

◎ 译文

一个有才学品德的君子，不论遇到什么事情，都应该注意保持冷静的态度，细心观察，千万不可以随便表现自己刚直的性格以免坏事。

◎ 直播课堂

坦诚直率往往伴随着教化、固执、生硬。如何才能做到自然的坦诚呢？请看《列子·说符》中的一段话：

列子说：“容色有盛气的骄傲，力量强盛的奋勇，不可以和他谈论‘道’，所以不到半老年纪便和他谈‘道’，总会出毛病，何况去行道呢？所以自己奋勇，就没有人教给他，没有人教给他，那么就是孤家一个没有帮助的人了。贤明之人任用别人，因此年纪大了还不衰退，智慧尽了还不糊涂。所以治理国家难在于识别贤人，却不在自己认为自己是贤人。”

艳花易凋　勿要急躁

◎ 我是主持人

现代社会普遍有一种急躁的心态，每个人都想及早成功，享受生活。可是成功是要实力做根基的，只有慢慢锤炼自己提高实力，才是王道。

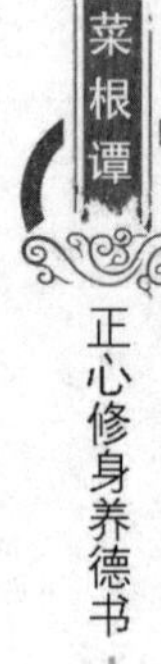

◎ 原文

伏久者飞必高，开先者谢独早；知此，可以免蹭蹬之忧，可以消躁急之念。

◎ 注释

蹭蹬：困迫不得志，据《文选·木华海赋》：“或乃蹭蹬穷波。注：‘蹭蹬，失势之貌。’”

◎ 译文

一只隐伏很久的鸟，飞起来必能飞得很高；一朵开得早的花，也必然凋谢得很快。人只要能明白这个道理，既可以免除怀才不遇的忧虑，也可以消除急于求取功名利禄的念头。

◎ 直播课堂

《庄子·刻意》中说：“谈到隐没于世，时逢昏暗不必韬光便已自隐。古时候的所谓隐士，并不是为了隐伏身形而不愿显现于世，并不是为了缄默不言而不愿吐露真情，也不是为了深藏才智而不愿有所发挥，而是因为时遇和命运乖妄、悖谬啊！当时遇和命运顺应自然而通行于天下，就会返归混沌之境而不显露踪迹；当时遇不顺、命运乖违而穷困于天下，就固守根本，保有宁寂至极之性而静心等待，这就是保存自身的方法。

“古时候善于保存自身的人，不用辩说来巧饰智慧，不用智巧使天下人困窘，不用心智使德行受到困扰，巍然自持地生活在自己所处的环境而返归本性与真情，又何须一定得去做些什么呢！大道广荡本不是小有所成的人能够遵循，大德周遍万物本不是小有所知的人能够鉴识。小有所知会伤害德行，小有所成会伤害大道。所以说，端正自己就可以了，快意地保持本真就可称作是心意自得而自适。”

盛极必衰　居安虑患

◎ 我是主持人

做人一定要有长远的眼光，善于从事情的发展中探寻规律。真正的智者不会被正在发生的事情所迷惑，我们也要学会这一点。

◎ 原文

衰飒的景象就在盛满中，发生的机缄即在零落内。故君子居安宜操一心以虑患，处变当坚百忍以图成。

◎ 注释

衰飒：飒，本义是风吹落叶的声音。衰飒即衰落、枯萎，指境遇衰败没落。

发生：生育，生长。

机缄：关键因素，指运气的变化。据《庄子·天运》篇："天其运乎，地其处乎，日月其争于所乎，孰主张是，孰维纲是，孰居无事推而行是，意者其有机缄而不得已邪？"

零落：人事的衰败没落。

百忍：比喻极大的忍耐力。

◎ 译文

大凡衰败的景象往往是在繁茂时就种下了祸根，大凡一种机运的转变多半是在零落时就已经种下善果。所以，一个有道德修养的君子就应当在平安无事时保持清醒的理智，以便防范未来某种祸患的发生，一旦身处变乱或灾难之中，就要拿出毅力咬紧牙关，坚定信念继续奋斗，以求事业成功。

◎ 直播课堂

《易经》提出“月中则昃，月盈则亏”的道理，这说明天地间万事万物都会由盛转衰，在极盛时已经露出衰落凋谢的预兆。所以人在平安无事时，要让自己保持清醒的头脑，防患于未然。汉成帝游后花园时想与班婕妤同车，班婕妤辞谢说：“看古人的图画中，圣贤的国君都由富名望而贤明的臣子陪在身边，三代（夏、商、周）末世的君主才有宠幸的姬妾在侧。现在君主与我同乘一部车，难道不是与他们相似了吗？”太后听到这些话，很高兴地说：“古代有贤惠的樊姬，现在有班婕妤。”后来赵飞燕谗毁班婕妤说她诅咒后宫，甚至也咒骂皇上，成帝于是就查问班婕妤。她回答说：“臣妾听说：生死由命，富贵在天。自己的德行修养端正，都无法蒙受上天所赐的福分；去做一些邪恶不正的事，又能指望得到什么？假使鬼神有知觉，它们一定不会接受奸邪谗佞的诉论；如果没知觉，告诉它们又有何用呢？所以我是不会做这种事的。”成帝觉得她说得很有道理，就赦免了她，并赐黄金百斤。

赵飞燕娇媚又善妒，班婕妤恐怕迟早受害，于是请求到长信宫去陪侍太后。班婕妤不与君主同车，后来又主动到长信宫去陪太后，说明她在平安无事时保持清醒的头脑，以便防止未来某种祸患的发生。当然，一个人一旦处于某种灾难之中，就要以顽强的毅力努力奋斗，以便取得将来事业的成功。

节义文章　德性陶熔

◎ 我是主持人

人世间，正义的品格和隽永的文章固然值得珍惜，但真正让这一切有价值的还是人本身所具有的品格，德才兼备才是真正的圣人。

◎ 原文

节义傲青云，文章高白雪，若不以德性陶熔之，终为血气之私、技能之末。

◎ 注释

青云：比喻身居高位的达官贵人。

白雪：古代曲名，比喻稀有杰作。

◎ 译文

气节和正义足可傲视任何达官贵人，生动感人的文章足以胜过“白雪”名曲，然而如果不用高尚的道德来陶冶它们，所谓气节和正义不过是出于一时意气用事或感情冲动，那么生动的文章也就成了微不足道的孤高和雕虫小技。

◎ 直播课堂

孔子的弟子曾子说：“晋国公子的财产我望尘莫及，但是，他依靠他的财产生活，我依靠我的仁德生活；他依靠他的官职做人，我依靠我的道义做人，我还有什么不能满足呢？”曾子的意思是，他的仁德不比晋国公子的财产逊色，他的道义不比晋国公子的官职低下，晋国公子以富贵、爵禄为尊，他以仁德、道义为尊。如此晋国公子凭借什么轻视我呢？我用仁义来保护自己，还有什么可怕的呢？轻视王侯，鄙视爵禄，君子心中坦坦荡荡，我们从这里能看到道义的伟大品质，也能看到曾子的气概。

性天不枯　机神易发

◎ 我是主持人

一般人在困境中容易灰心丧气，觉得看不到希望。实际上，希望永远不会消失，人也要永远保持一份自信。

◎ 原文

万籁寂寥中，忽闻一鸟弄声，便唤起许多幽趣；万卉摧剥后，忽见一枝擢秀，便触动无限生机。可见性天未常枯槁，机神最宜触发。

◎ 注释

寥：安静。

卉：草的总名。

◎ 译文

大自然归于寂静时，忽然听到一阵悦耳的鸟叫声，便会唤起很多深远的雅趣；深秋季节所有的花草都凋谢枯黄之后，忽然看见其中有一棵挺拔的花草屹立无恙，就会引起无限生机。可见万物的本性并不会完全枯萎，因为它的生命活力随时都会生发。

◎ 直播课堂

孟子从修身养性上来认识这一自然现象。孟子举了一个例子，他说，譬如齐国都城南郊的牛山，山上的树木曾经很茂盛，但是这山紧靠都城，因而常有人去砍伐那山上的树木，这怎么能使它保持茂盛呢？那山上的树木自然是日沐阳光，夜承雨露，不断生出嫩芽幼枝，不断地在生长，但却抵不住日日的斧子砍伐和牛羊践踏，如今已经是光秃秃的了。人们看见它光秃秃的样子，就以为这山不曾有过大树，其实这是错看了牛山的本性。人仁义善良的心性，也就好比那牛山之上的树木。

在孟子看来，仁义善良的心性，就像用斧子对付牛山上的树木一样，树木在夜里承接了清明之气，白天却被人们所砍伐；人们于自省中所得的一点善良之芽，在白昼却又让它们消失在争斗中，如此反复，人们心中的那一丝善良便再也不复存在。

净从秽生　明从暗出

◎ 我是主持人

黑暗并不代表着毫无希望，相反它还是孕育希望的场所。只有经历过黑暗困苦的人，他的心才会变得更加光明纯真。

◎ 原文

粪虫至秽变为蝉，而饮露于秋风；腐草无光化为萤，而耀采于夏月。故知洁常自污出，明每从暗生也。

◎ 注释

粪虫：粪指粪土或尘土。粪虫是尘芥中所生的蛆虫，此处指蛴螬（金龟子的幼虫），蝉就是从蛴螬蜕化而成的。

秽：脏臭的东西。

蝉：又名知了，幼虫在土中吸树根汁，蜕变成蛹后而登树，再蜕壳成蝉。

饮露于秋风：蝉不吃普通的食物，只以喝露水为生，古以此为高洁的象征。据《淮南子·坠形训》篇："蝉饮而不食。"又陆士龙《寒蝉赋》说："含气饮露则其清也。"

化为萤：腐草能化为萤火虫是传统说法。据《礼记·月令》篇："季夏三月……腐草为萤。"又《格物论》说："萤是从腐草和烂竹根而化生。"其实萤火虫是产卵在水边的草根，多半潜伏在土中，次年草蛹化为成虫，这就是萤火虫。

◎ 译文

粪土里所生的虫是最脏的虫，可是一旦蜕化成蝉后却只喝秋天洁净的露水；腐烂的野草本来不会发光，可它孕育出的萤火虫却能在夏天的夜空中闪闪发光。由此可以知道，洁净的东西常常是从污秽中产生，光明的事物也常常在黑暗中产生。

◎ 直播课堂

禅林怪杰无三和尚，原是一个偏僻小村的村民，他21岁时做杂役，53岁时看破红尘出家为僧。他决心十足，不顾老迈之躯遍游全国各地，后拜宝香寺的洞泉橘仙和尚为师，他的刻苦勤勉感动了洞泉和尚，和尚把正法传给了无三。无三修得正果后，受萨摩藩主邀请，出任鹿儿岛的福昌寺住持。在出任住持的仪式上，无三展示了禅师高尚的品性。萨摩藩有一条规定，以贫贱的百姓身份不能出任佛寺的住持，要当住持就得改官姓。无三无意改姓。这时，有一位嫉妒无三的某寺住持向藩王进谗言："一个土百姓怎么能当住持呢?"满座为之哗然。在大庭广众之下，无三面不改色，声如洪钟，说了一句震慑满堂的话："我是泥中莲花。"净从秽生，当不难懂!

富宜宽厚　智宜敛藏

◎ 我是主持人

才华就像宝剑一样，要好好珍藏起来，不能轻易拿出来示人，这样才会避免招致无端的嫉恨，最终保全自己。

◎ 原文

富贵家宜宽厚而反忌刻，是富贵而贫贱其行矣！如何能享？聪明人宜敛藏而反炫耀，是聪明而愚懵其病矣！如何不败？

◎ 注释

忌：猜忌，嫉妒。

刻：刻薄寡恩。

敛藏：敛含有收、聚、敛束等意，敛藏即深藏不露。

懵：本意指心神恍惚，喻对事物缺乏正确判断，不明事理。

◎ 译文

一个富贵的家庭待人接物应该宽容仁厚，可是很多人反而刻薄无理，担心他人超过自己，这种人虽然身为富贵人家，可是他的行径已走向贫贱之路，这样又如何能使富贵之路长久地行得通呢？一个聪明的人，本来应该保持谦虚有礼不露锋芒的态度，反之如果夸耀自己的本领高强，这种人表面看来好像很聪明，其实他的言行跟无知的人并没有什么不同，那他的事业到时候又如何不受挫、不失败呢？

◎ 直播课堂

《孟子·尽心章句下》中说：只有点小聪明而不知道君子之道，那就足以伤害自身。盆成括做了官，孟子断言他的死期到了，后来盆成括果然被杀了。孟子的学生问孟子如何知道盆成括必死无疑，孟子说：盆成括这个人有点小聪明，但却不懂得君子的大道，这样的小聪明也就足以伤害他自身了。小聪明不能称为智，充其量只是知道一些小道末技。小道末技可以让人逞一时之能，但最终会祸及自身。

《红楼梦》说凤姐“机关算尽太聪明，反误了卿卿性命”，聪明反被聪明误，就是这个意思。只有大智才可使人伸展自如，只有大智才是人生的依凭。

功名一时　气节千载

◎ 我是主持人

真正有远见的人，不会只注重当前的富贵荣华，因为他们知道这只是一时的，他们注重的是长久的名声，唯有气节才会流传千古。

◎ 原文

事业文章随身销毁，而精神万古如新；功名富贵逐世转移，而气节千载一日。君子信不当以彼易此也。

◎ 注释

逐世：随着时代转换。

千载一日：千年有如一日，比喻永恒不变。

◎ 译文

一般来说，事业和文章都会随着人的死亡而消失，只有伟大的精神才万古不朽；至于功名利禄富贵荣华，都会随着时代的变迁而转移，只有忠臣义士的气节会永远留在人间。可见一个有才德理想的君子，绝对不可以放弃能留名青史千秋万世的气节，去换取会随身销毁的东西。

◎ 直播课堂

孟子说："鱼，是我喜欢的；熊掌，也是我喜欢的。如果二者不可兼得，只有舍弃鱼而取熊掌。生命，是我所爱好的；义理，也是我所爱好的。如果二者不可兼得，只有舍弃生命而取义理。"荀子说，义理就是用来限制人做坏事和玩弄奸巧的。实行义理，内可节制人，外可节制物；对上可安定君主，对下可使万民和睦相处。东汉荀巨伯，一次去探望远方生病的友人，正碰上胡人攻打郡城，城里人纷纷弃城而逃。友人说："我现在是活不成了，你赶快离开吧！"荀巨伯说："我荀巨伯难道会做毁坏信义而求生的事吗？"胡人进城后，问荀巨伯是什么人，为何胆敢独自留在城里。荀巨伯答道："我的朋友患重病，我不忍心把他丢下，宁愿用自己的身躯赎取朋友的性命。"胡人听后，感慨道："我们这些无义之人，闯进有义之国了。"于是，撤兵而走，郡城也因而得以保全。

隐者高时　省事平安

◎ 我是主持人

老子主张"无为而治"，不管是做人还是做事，千万不要炫耀自己；韬光养晦，安闲自在，可能会给自己带来意想不到的收获。

◎ 原文

矜名不若逃名趣，练事何如省事闲。

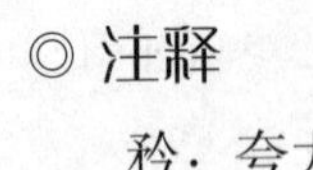

◎ 注释

矜：夸大，炫耀。

◎ 译文

一个喜欢夸耀自己名声的人，倒不如避讳自己的名声显得更高明；一个潜心研究事物的人，倒不如什么也不做来得安闲。

◎ 直播课堂

老庄提倡无为，即所谓的出世哲学；儒家主张进取，倡导入世哲学。二者构成中国古代士大夫的处世哲学，进则求取功名兼济天下，退则隐居山林修身养性。所谓“隐者高明，省事平安”，就老庄的无为思想而言是很对的，就儒家的进取思想来说似乎是矛盾的。对世俗而言是“多一事不如少一事”，对隐者而言本身就不求名，更无所谓虚名了。所以自古就有“君子盛德，容貌若愚”的说法，即人的才华不可外露，宜深明韬光养晦之道，才不会招致世俗小人的忌恨。所以，入世出世表面上矛盾，实际上又一致。一个愚钝之人本身无所谓隐，一个修省的人隐居不是逃脱世俗，不过是在求得一种心理平静而已，故逃名省事以得安闲。

自然的境界是老子所推崇的最高境界，而要达到自然之境就必须做到他所说的“无为”，因为人为必定会破坏自然。不过，老子的“无为”并不是消极地无所作为，不是叫人们躺在沙发上什么都不干，或者把两手插在裤袋里四处闲荡，“无为”不是主张“不为”；恰恰相反，它反对的只是违反自然规律的妄为，要求不以个人主观的愿望来破坏自然的发展，所以人们常把“自然”和“无为”连用，合称为“自然无为”。

只有无为才有自然，同时无为本身也就是自然，因而，无为既是手段又是目的，既是一种生活态度又是一种人生境界。

第七章 淡泊明志，宁静致远

“非淡泊无以明志，非宁静无以致远。”出自诸葛亮54岁时写给他8岁儿子诸葛瞻的《诫子书》。对我们现代人来说，“淡泊明志，宁静致远”同样具有人生指导意义，不把眼前的名利看轻淡就不会有明确的志向，不能平静安详全神贯注地学习，就不能实现远大的目标。

淡泊明志　肥甘丧节

◎ 我是主持人

想要消磨一个人的心志，就用安逸享乐的环境去麻痹他。想要陶冶自己的情操，修身养性，就去享受普通生活的快乐吧。

◎ 原文

藜口苋肠者，多冰清玉洁；衮衣玉食者，甘婢膝奴颜。盖志以淡泊明，而节从肥甘丧矣。

◎ 注释

淡泊：甘于寂静无为的生活环境。

藜口苋肠：藜，藜科一年生草木本植物，苗可蒸煮着吃。苋，苋科一年生草本植物，茎叶可以食。据《昭明文选》曹植《七启》说："余甘藜藿，未暇此食也。良注：'藜藿贱菜，布衣所食。'"此指平民百姓。

冰清玉洁：形容人的品质像冰一样清明透彻，玉一样纯洁无瑕。据《新论·妄瑕》说："伯夷叔齐，冰清玉洁。"

衮衣玉食：衮衣是古代帝王所穿的衣服，比喻华服；玉食是形容山珍海味等美食。衮衣玉食是华服美食的意思，喻指权贵。

婢膝奴颜：也作奴颜婢膝，奴和婢都是古代的罪人、下等人，没有自由和独立人格，比喻自甘堕落而没有骨气的人。

肥甘：美味，比喻物质享受。

◎ 译文

能过着粗茶淡饭生活的人，他们的操守多半都像冰一样清纯、玉一样纯洁；而讲究穿着华美饮食奢侈的人，他们多半甘愿做出卑躬屈膝的奴才面孔。因为一个人的志向要在清心寡欲的状态下才能表现出来，而一个人的节操都是从贪图物质享受中丧失殆尽的。

◎ 直播课堂

齐国大夫公行子到燕国去，路上遇见曾元，问：“燕国的国君怎么样？”曾元说：“没有远大的志向。没有远大志向的人就轻视事业，轻视事业的人，就不求贤人帮助，没有贤人帮助，怎么能成就国家大事呢？他只能像氐族人和羌族人一样野蛮。这样的人不担心自己国家的兴亡，而只担心他死后不能够沿用氐族、羌族的习俗实行火葬。想的是蝇头小利，危害的是整个国家的大事啊！”孟子曾多次会见齐宣王，但并不与宣王谈论治理国家。孟子的学生十分疑惑，孟子说：“我要先攻破他只讲功利、霸道的坏思想。”孟子讲仁说义，就是要让齐宣王胸怀国家，放眼天下啊！

彼富我仁　彼爵我义

◎ 我是主持人

一个有修为的人，不会贬低自己，别人有别人的富贵荣华，自己有自己的怡然自乐。保持平和的心态，就能安然处世。

◎ 原文

彼富我仁，彼爵我义，君子固不为君相所牢笼；人定胜天，志一动气，君子亦不受造化之陶铸。

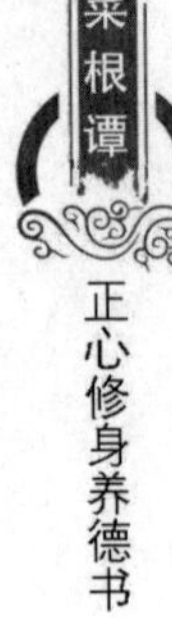

◎ 注释

彼富我仁：出自《孟子》一书："晋、楚之富不可及也。彼以其富，我以吾仁；彼以其爵，我以吾义，吾何谦乎哉?"

牢笼：牢的本义是指养牛马的地方，此含有限制、束缚等意。据《淮南子·本经》篇："牢笼天地，弹压山川。"

人定胜天：人如果能艰苦奋斗，必然能战胜命运而成功。

志一动气：志是一个人心中对人生的一种理想愿望；一是专一，集中；动是统御，控制发动；气是情绪，气质，禀赋。《孟子·公孙丑》上："志一则动气，气一则动志。"

造化：命运。

陶铸：陶是范土制器，铸是熔金为器。

◎ 译文

别人有财富我坚守仁德，别人有爵禄我坚守正义，所以一个有高风亮节的君子绝对不会被君主的高官厚禄所束缚或收买。人的智慧能战胜大自然，理想意志可以转变自己的感情气质，所以一个有才德理智的君子绝对不受命运的摆布。

◎ 直播课堂

西汉严遵，字君平，临邛（今四川邛崃）人。他曾经在成都以占卜为生，每天的收入，以足够生活的一百文钱为限，赚够就收摊关门，在家中专心研究《周易》，成为很有学问的大师。大文学家扬雄就曾以他为师。扬雄异常钦仰自己的老师，认为老师的清贫风范足以抨击贪婪，勉励良好的风气，称赞老师是"当世少有的具有高尚节操的人"。有富人罗冲打算出钱资助严遵去做官扬名，严遵感叹地表示："益我货者损我神，生我名者杀我身。"始终不愿意为财富、名利，而丧失自己的志趣。

一个活得洒脱的人，不应为身外之物所牵累，不受富贵名利的诱惑，我行我素，也正如庄子在《则阳篇》中描述的圣人那样："圣人，他们潜身世外能使家人忘却生活的清苦，他们身世显赫能使王公贵族忘却爵禄而变得谦卑起来。对于外物，他们与之各谐欢娱；对于别人，他们乐于沟通，混迹人世而又能保持自己的真性；有时候一句不说也能用中和之道给人以满足，跟人在一块儿就能使人受到感化。父亲和儿子都各得其宜，各自安于自己的地位，而圣人完全是清虚无为地对待周围所有的人。圣人的想法跟一般人的心思相比起来差距很远。”

省事为适　无能全真

◎ 我是主持人

佛家认为“吃饭时吃饭，砍柴时砍柴，睡觉时睡觉”，做到这些就是有修为了。人要享受自己现在做的事情，而不要三心二意。

◎ 原文

钓水，逸事也，尚持生杀之柄；弈棋，清戏也，且动战争之心。可见喜事不如省事之为适，多能不如无能之全真。

◎ 注释

钓水：临水垂钓。

柄：权力。据《左传·襄公二十三年》：“既有利权，又执民柄。”

喜事：好事。

全真：使心灵不受损。真，灵魂。

◎ 译文

静坐水边垂钓本来是一件高雅的活动，然而在这个活动中却手握对鱼的生杀权力；对坐桌前下棋本来是一种正当高雅的娱乐，但是在这个娱乐

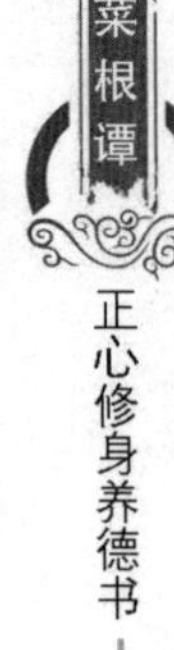

中却存在争强好胜的战争心理。可见好事就不如无事那样悠闲自在，多才就不如无才那样能保全纯真本性。

◎ 直播课堂

"无为"是老庄思想中的重要命题，它对中华民族思维方式和行为方式的影响既深且远。庄子在《人间世》中假托南伯子綦的一番对树的感慨，阐明了"喜事不如省事为适，多能不若无能全真"的道理。他说：南伯子綦在商丘一带游乐，看见地面长着一棵出奇大的树，上千辆驾着四马的大车，荫蔽在大树树荫下歇息。子綦说："这是什么呢？这树一定有特异的材质啊！"仰头观看大树的树枝，弯弯扭扭的树枝并不可以用来做栋梁；低头观看大树的主干，树心直到表皮旋转着裂口并不可以用来做棺椁；用舌舔一舔树叶，口舌溃烂受伤；用鼻闻一闻气味，使人像喝多了酒，三天三夜还醒不来。子綦说："这果真是什么用处也没有的树木，以至长到这么高大。唉，精神世界完全超脱物外的'神人'，就像这不成材的树木呢！"

传心之诀　见道之文

◎ 我是主持人

大自然的万事万物，人世间的人情往来，都有着深刻的智慧。只有内心纯真的人，才能领会其中的奥妙。

◎ 原文

鸟语虫声，总是传心之诀；花英草色，无非见道之文。学者要天机清澈，胸次玲珑，触物皆有会心处。

◎ 注释

传心：心灵的领会。

花英：英当动词用，是开放的意思。花英指百花开放。

见道：佛家语，初生离烦恼垢染之清净智，照见真谛者，即见道。

天机：本指天道机密而言，此指人的灵性智慧。

胸次玲珑：胸次是胸怀，玲珑本指玉的声音，此处作光明磊落解。

◎ 译文

鸟的语言和虫的鸣声我们虽然听不懂，但都是表达它们之间感情的方式；花的艳丽和草的青葱我们固然都能看到，但其中还蕴藏着大自然的奥秘。所以我们读书研究学问的人，必须使灵智清明透彻，必须使胸怀光明磊落，这样跟事物接触时，才能达到豁然领悟的地步。

◎ 直播课堂

世事洞明皆学问。善于读书的人，世间一切都是书：山水是书，鱼虫是书，花月也是书。一般人只会读有字之书，却看不见世上这些无字之书；一般人只听见琴弦之声，却听不见天地弥漫着无弦之声。

唐代大画家韩干，天宝年间被召入宫中充任供奉。当时朝中有位画师叫陈闳，以善画马知名，于是，唐明皇命韩干师从陈闳学画马。一天，唐明皇见到韩干所画之马，觉得骏逸飘洒，四蹄生风，与老师陈闳画风不同，十分诧异，问其原因。韩干奏道："我自然有老师，陛下马厩里的马，都是我的老师。"原来，韩干重视写生，常久驻马厩观察马的习性动静，所以他画的马达到了高妙传神的境界。

唐代还有一书法家，名叫张旭，擅长草书，大凡喜怒、哀乐、穷窘、忧愁、怨恨、思慕、娱乐、酣醉、无聊等不平之情，必在草书中抒发出来。他静观世间万物，默察人间万象，凡山水崖谷、鸟兽虫鱼、草木花实、日月列星、风雨雷电、天地万物的变故，凡能唤起高兴、惊异之情的，都一一寄寓在书法之中。所以，张旭的草书，变化万千，如鬼斧神工，不着痕迹。张旭也以此终其一生而名垂后世。

荀子说：不登高山，不知天之高；不临深溪，不知地之厚。敞开心灵，用眼睛去观察，用耳朵去倾听，就会发现大千世界，充满了喧哗与不确定。

读无字书　弹无弦琴

◎ 我是主持人

真正淡泊名利的人，不见得是那种吟诗作赋、抚琴弄箫的人，相反即使只是置身大自然，他也能反省自己，获得升华。

◎ 原文

人解读有字书，不解读无字书；知弹有弦琴，不知弹无弦琴。以迹用不以神用，何以得琴书佳趣？

◎ 注释

无弦琴：此指宇宙中万物的一切声响。

迹用：以运用形体为主。

◎ 译文

人们只懂得读有文字的书，却不懂得研究大自然这本无字的书；人们只知道弹奏普通有弦琴，却不知道欣赏自然界无弦琴的美妙声音。也就是说，只知道运用有形迹的事物，而不懂得领悟无形的神韵，这种庸俗的人又如何能理解音乐和学问的真正乐趣呢？

◎ 直播课堂

孔子是个爱好音乐的人，他听人唱歌要是认为唱得好，一定要让他再唱一遍，然后和着他一起唱。

孔子对音乐的欣赏，不只停留在表面，他能领悟出音乐本身的内涵。《韶》是舜时的名曲，《武》是周武时的乐曲，两乐都是我国古代享有盛名的曲子，孔子聆听之后，称赞《韶》的乐曲非但尽美，并且尽善；评价《武》的乐曲虽然美，可是还不够尽善。孔子为什么做出这种评价呢？这一方面固然因为《韶》的音乐确实高古感人，另一方面舜是孔子心目中的古代理想贤君，因《韶》而引起对于舜的向往，更由于《韶》乐早于《武》乐，故而增强了孔子对它的赞美之情。

从孔子爱好音乐、爱好唱歌的侧面，我们又看到他爱美的本性，以及他见善就学、从善如流的品性。

竞逐听人　恬淡适己

◎ 我是主持人

佛家主张“物我两忘”，忘掉外面的纷纷扰扰，忘掉自身的恩怨纠葛，这样就能保持清澈的心性。

◎ 原文

竞逐听人，而不嫌尽醉；恬淡适己，而不夸独醒。此释氏所谓“不为法缠，不为空缠，身心两自在”者。

◎ 注释

竞逐：竞争，追求。

释氏：佛教始祖释迦牟尼的简称。

法缠：法即一切法，禅语，指一切事物和道理。缠是束缚、困扰。

空缠：为虚无之理所困扰。

◎ 译文

别人争名夺利与我无关，我也不必因为别人的醉心名利就嫌弃他；恬静淡泊是为了适应自己的个性，因此也不必向别人夸耀世人皆醉我独醒。这就是佛祖所说的“既不被物欲所蒙蔽，也不被空虚寂寞所困扰，能做到这些就能使身心自在而心悠然”的人。

◎ 直播课堂

“不为法缠，不为空缠，身心两自在”，本是佛祖对人类的教诲，而我国道家的先祖庄子亦不愿为高官厚禄所缠。

庄子在濮水旁边钓鱼，楚威王派两个大臣来看他，两位大臣见庄子钓鱼的样子悠闲自在，便传达楚王的旨意说：“大王想把楚国的大事托付给你，请你去和他一起治理国家。”

庄子像是没有听见似的，手持钓鱼竿头也不回，过了好半天才回答说：“听说楚国有只神龟，活了三千年才死。国王把它用布包着放在竹盒里，然后藏在庙堂之上。我想请教二位：如果你们是这只神龟，是愿意死后留下一把骨头被供奉在庙堂之上让人敬奉瞻仰还是愿意活着拖条尾巴在泥里爬？”

那两个大臣毫不犹豫地说：“当然愿意拖着尾巴在泥里爬。”庄子接着说：“那就请你们回去告诉大王吧，我也愿意拖着尾巴在泥里爬，那样多自由自在！”

隐无荣辱　道无炎凉

◎ 我是主持人

一个淡泊明志的人，不是对一切都漠不关心，而是对万事万物看得更加透彻了，他们不会随意贬低人，也不会丧失同情心。

◎ 原文

隐逸林中无荣辱，道义路上泯炎凉。

◎ 注释

炎凉：炎是热，凉是冷，以气候的变化来比喻人情的冷暖。

◎ 译文

一个退隐林泉之中与世隔绝的人，对于红尘世俗的一切是非完全都忘怀而不存荣辱之别；一个讲求仁义道德而心存济世救民的人，对于世俗的贫贱富贵、人情世故都看得很淡而无厚此薄彼之分。

◎ 直播课堂

哀公问孔子："什么样的人是贤人？"孔子回答说："所谓贤人，行为合乎礼仪法规但对自身不会伤害，言语足以为天下人效法但对自身不会伤害，富足得拥有天下但不积蓄私财，对天下普遍进行施舍但不担心自己贫困。如果这样，就可以称之为贤人了。"贤人是有足够智慧和力量的人，一个以天下为己任的人。有足够的智慧和力量，他才强大；以天下为己任，他才无己无私。他的言行自然，没有丝毫做作和媚俗，他并不执意追求成功却能获得幸福，他并不格外回避灾难却能逢凶化吉，他并不特别祈求幸福但总能轻松愉快，他把自己纳入一定的规矩和方圆中但不感到痛苦和冲突，他博大地爱但不感到孤独，他广泛地施舍但不感到贫穷，他是自由和自在的人。因此，天下人总是把他作为楷模。

贪富亦贫　知足亦富

◎ 我是主持人

不论身在富贵之家，还是在清贫的环境中，有修为的人都不会觉得有所欠缺，因为他的内心是充盈的，对一切都感觉满足。

◎ 原文

贪得者，分金恨不得玉，封侯怨不授公，权豪自甘乞丐；知足者，藜羹旨于膏粱，布袍暖于狐貂，编民不让王公。

◎ 注释

公：爵位名，古代把爵位分为公、侯、伯、子、男五等。

膏粱：形容菜肴的珍美。据《孟子·告子》篇："所以不愿人之膏粱之味也。"朱注："膏，肥肉；粱，美谷。"

狐貂：用狐貂缝制的衣服。

编民：列于户籍的人民，也就是一般平民。据《史记·货殖列传》："而况匹夫编户之民乎？"

◎ 译文

一个贪得无厌的人，给他金银还怨恨没有得到珠宝，封他侯爵还怨恨没封公爵，这种人虽然身居豪富权贵之位却等于自愿沦为乞丐；一个自知满足的人，即使吃粗食野菜也比吃山珍海味还要香甜，穿粗布棉袍也比穿狐袄貂裘还要温暖，这种人虽然身为平民，但实际上比王公还要高贵。

◎ 直播课堂

老子说："知道满足就是富有。"因为知足就不觉得还缺什么，而觉得不欠缺什么就是富裕。我国古代有个隐士叫荣启期，穷得九十岁还没有一条腰带，用野麻搓一条绳子系腰，但他却能从容潇洒地弹琴。孔子的学生原宪的衣服补丁摞补丁，脚上的鞋也是前后都有了窟窿，可他仍然悠闲地唱歌。古希腊哲学家拉尔修，笑容一直挂在脸上，完全没有什么享受的欲望，当他看见一个小孩在河边用双手捧水喝，喝得甜滋滋的样子时，他干脆把自己仅有的一个饭碗也扔掉了。

不去欲就不会知足，一个过于贪婪的人永远不会满足，时时处在渴求和痛苦之中，腰缠万贯的富翁可能还是若有所失，仅能免于饥寒的人也可能觉得样样不缺。从心理感受来说，真富有不一定要钱多，只要知足就绰然富裕了。

不希利禄　不畏权势

◎ 我是主持人

有句话叫"无欲则刚"，如果一个人心中对什么都满足，没有什么过分的欲求，那么不管是金钱还是权势，都无法引诱他。

◎ 原文

我不希荣，何忧乎利禄之香饵；我不竞进，何畏乎仕宦之危机。

◎ 注释

香饵：可以诱惑人的东西。

竞进：与人竞争，争夺。

◎ 译文

我如果不希望去追求荣华富贵，又何必担心他人用名利做饵来引诱我呢？我如果不和人争夺高低，又何必畏惧在官场中所潜伏的宦海危机呢？

◎ 直播课堂

近代学者汪国真曾说：心中无欲，就不惧怕别人的计谋手段，别人用什么样的诱惑都不能引诱自己。而现代人却很少有能做到这一点的，很多明明自己不需要的东西，只要看到大家在争抢，自己也会趋之若鹜。这种人如果拿一点东西去诱惑，是很容易动摇和改变立场的。所以，人最重要的是想明白自己要什么，什么对自己最重要。

寻常家饭　素位风光

◎ 我是主持人

做人不要太执着，生活就是好坏掺杂，苦乐相伴，安安分分做好自己眼前的事，珍惜身边的人，这就是难得的福气了。

◎ 原文

有一乐境界，就有一不乐的相对待；有一好光景，就有一不好的相乘除。只是寻常家饭，素位风光，才是个安乐窝巢。

◎ 注释

乘除：消长。

素位：安于本分，不作分外妄想。据《中庸》："君子素其位而行，不愿乎其外。朱熹注：'素犹见也，言君子但因见在所居之位，而为其所当为，无慕乎其外之心也。'"

◎ 译文

只要有一个快乐的境界，就会有一个不快乐的事物相对应；只要有一个美好的光景，就会有一个不美好的光景来抵消。可见有乐必有苦，有好必有坏，只有平平常常、安分守己才是快乐的根本。

◎ 直播课堂

为什么付出"安贫"这样大的代价来"乐道"呢？我们且看下面两则故事：

孔子见齐景公，齐景公要把廪丘送给孔子作为他的养生之资，孔子推辞没有接受。孔子回来对学生说："君子应当先立功，后受禄。我今天给齐景公提了很多建议，他都不采纳，却要把廪丘送给我，他太不了解我了。"于是就驾着车离开了齐国。（《吕氏春秋·离俗览·高义》）

孔子问颜回："回呀，你家里贫穷，住得那样窄小简陋，为什么不去做官呢？"颜回回答道："城外有块土地，可以供我吃饭喝粥；城内有块土地，可以供我穿衣；家里有一张琴，可以用来自娱，老师您教的大道，足以给我无上乐趣，所以我不愿去当官。"（《庄子·让王》）

这两个故事从两方面回答了上述问题。第一，和所得不相称，无功受禄，靠不正当的手段获取富贵，这些都是不合理的，不仅不能给人带来快乐，反而会令人心中不安；第二，精神的快乐是最高的快乐，它值得人们忍受物质生活的贫穷来获取。

宠辱不惊　去留无意

◎ 我是主持人

只要有坚定的内心，不管外界如何变化，都不会影响到自己。不管是儒家、道家，还是佛家，都非常推崇这种境界。

◎ 原文

宠辱不惊，闲看庭前花开花落；去留无意，漫随天外云卷云舒。

◎ 注释

宠辱不惊：对于荣耀与屈辱都不放在心上。

去留：去是退隐，留是居官。

◎ 译文

对于一切荣耀与屈辱都不放在心上，用安静的心情欣赏庭院中的花开花落；对于官职的升迁得失漠不关心，冷眼观看天上浮云随风聚散。

◎ 直播课堂

有一次，孟子本来准备去见齐王，恰好这时齐王派人捎话，说是自己感冒了不能吹风，因此请孟子到王宫里去见他。孟子觉得这是对他的一种轻慢，于是便对来人说："不幸得很，我也病了，不能去见他。"第二天，孟子要到东郭大夫家去吊丧，他的学生公孙丑说："先生昨天托病不去见齐王，今天却去吊丧，齐王知道了怕是不好吧？"孟子说："昨天是昨天，今天是今天，今天我病好了，我为什么不能办我想办的事呢？"孟子刚走，齐王便打发人来问病。孟子弟弟孟仲子应付说："昨天王有命令让他上朝，他有病没去，今天刚好一点，就上朝去了，但不晓得他到了没有。"齐王的人一走，孟仲子便派人在孟子归家的路上拦截他，让他不要回家，快去见齐王。孟子仍然不去，而是到朋友景丑家避了一夜。景丑问孟子："齐王要你去见他，你不去见，这是不是对他太不恭敬了呢？这也不合礼法啊。"孟子说："哎，你这是什么话？齐国上下没有一个人拿仁义向王进言，这才是不恭敬。我呢，不是尧舜之道不敢向他进言，这难道还不够恭敬？曾子曾说：'晋国和楚国的财富我赶不上，但他有他的财富，我有我的仁；他有他的爵位，我有我的义，我为什么要觉得比他低而非要趋奉不可呢？'爵位、年龄、道德是天下公认的最宝贵的三件东西，齐王哪能凭他的爵位而轻视我的年龄和道德呢？如果他真是这样，便不足以同他有所作为，我为什么一定要委屈自己去见他呢？"

孟子作为圣人，能够藐视王权，因为在他眼中，仁义是至上的，不会因为世俗权势而有所改变。即使世俗王权压制了他，他也毫不在意，这就是所谓的"宠辱不惊"。在现实社会中，如果人们能看淡一点权势欲望，就不会觉得活得压抑，反而会轻松很多。

局尽子收　胜负安在

◎ 我是主持人

很多人为了名利奔波一生，到头来才发现自己真正想要的东西并没有得到，此时悔之晚矣！

◎ 原文

优人傅粉调朱，效妍丑于毫端。俄而歌残场罢，妍丑何存？弈者争先

竞后，较雌雄于着子。俄而局尽子收，雌雄安在？

◎ 注释

优人：伶人，俗称戏子。

雌雄：此当胜败解。《史记·项羽本纪》：“愿与汉王挑战决雌雄。”

妍：美好，美丽。

◎ 译文

伶人在脸上搽胭脂涂口红，把一切美丑都决定在化妆笔的笔尖上，可是转眼之间歌舞完毕曲终人散，方才的美丑又都到哪里去了呢？下棋的人在棋盘上激烈竞争，把一切胜负都决定在棋子上，可是转眼间棋局完了子收人散，刚才的胜败又到哪里去了呢？

◎ 直播课堂

《庄子·庚桑楚》中说：“大道通达于万物。一种事物分离了，新的事物就形成了，新的事物形成了，原有的事物便毁灭了。对于分离厌恶的原因，就在于对分离求取完备；对完备厌恶的原因，又在于对完备进一步求取完备。所以心神离散外逐欲情而不能返归，就会徒具形骸而显于鬼形；心神离散外逐欲情而能有所得，这就叫作接近于死亡。迷灭本性而徒有外形，也就跟鬼一个样。把有形的东西看作是无形，那么内心就会得到安宁。”

由此而知，人生短暂，事物更替，又何苦去费尽心机，为谋取富贵而留下恶名呢？

人生减省　安乐之基

◎ 我是主持人

很多人每天把生活安排得很忙，看起来丰富多彩，实际上却疲惫不堪，也没有收获任何益处。倒不如给生活做个减法，让自己放松下来。

◎ 原文

人生减省一分便超脱了一分，如交游减便免纷扰，言语减便寡愆尤，思虑减则精神不耗，聪明减则混沌可完，彼不求日减而求日增者，真桎梏此生哉！

◎ 注释

愆尤：愆，错误、过失；尤，怨恨。

耗：消耗，损失。

混沌：天地未开辟以前的原始状态，此指人的本性。

桎梏：古代用来锁、绑罪犯的刑具，引申为束缚。

◎ 译文

人生在世能减少一些麻烦，就多一分超脱世俗的乐趣。如交际应酬减少，就能免除很多不必要的纠纷困扰，闲言乱语减少了就能避免很多错误和懊悔，思考忧虑减少了就能避免精神的消耗，聪明睿智减少了就可保持纯真本性。假如不设法慢慢减少以上这些不必要的麻烦，反而千方百计去增加这些活动，那就等于是用枷锁把自己的手脚锁住。

◎ 直播课堂

东汉的西域都护班超直到七十多岁高龄，朝廷才允许他退休。接替他的任尚向班超请教他对治理西域的忠告，班超对他说："兴一利不如除一弊，生一事不如省一事……宜荡佚简易，宽小过，总大纲而已。"要他以简易宽和为主。任尚觉得这是老生常谈，就抛诸脑后，还对人说："我以班君当有奇策，今所言平平耳。"后来不过四年，任尚因过于严苛急躁，失去与边疆民族的和睦关系，导致西域各国纷纷叛汉来攻打，任尚退到班超精心经营的疏勒根据地，靠疏勒人的保护才捡回性命，但西域的土地却全盘丢失了。可见求大同、存小异，才能真正把握全局。班超经营西域达三十年，得到西域各民族的钦佩和拥戴，使汉朝扬威异域直达中亚细亚，因功拜定远侯，正是依靠这一要领，可见这乃是英雄人物处世的方法。

幽人清事　总在自适

◎ 我是主持人

在现代社会，很多人都讨厌复杂的人情往来，明明自己不愿意参与，但也由不得自己。其实，是我们把那些事看得太重了，调整自己的心态，一切都会改变。

◎ 原文

幽人清事，总在自适，故酒以不劝为欢，棋以不争为胜，笛以无腔为适，琴以无弦为高，会以不期约为真率，客以不迎送为坦夷。若一牵文泥迹，便落尘世苦海矣！

◎ 注释

幽人：隐居不仕的人。

笛以无腔为适：为陶冶性情不一定要讲求旋律节奏。

会：约会。

不期：没有指定的时间，不受时间所约束。

坦夷：坦白快乐。韩愈诗有“颍水清且寂，箕山坦而夷”。

牵文泥迹：为一些烦琐的世俗礼节所牵挂拘束。

◎ 译文

一个隐居的人，内心清净而俗事又少，一切只求适应自己本性。因此喝酒时谁也不劝谁多喝，以各尽酒量为乐；下棋只是为了消遣，以不为一棋之争伤和气为胜；吹笛只是为了陶冶性情，不一定要讲求旋律节奏；弹琴只是为了消遣休闲，以不求弦律为高雅；和朋友约会是为了联谊，以不受时间限制为真挚；客人来访要宾主尽欢，以不送往迎来为最自然。反之假如有丝毫受到世俗人情礼节的约束，就会落入烦嚣尘世苦海而毫无乐趣了。

◎ 直播课堂

陶渊明说：“结庐在人境，而无车马喧。问君何能尔，心远地自偏。采菊东篱下，悠然见南山。山气日夕佳，飞鸟相与还。此中有真意，欲辩已忘言。”一个有智慧和修养的人，他们的心境高旷超脱，能够恬然自安，不会被俗事所羁绊，也就不会像一般世俗之人那样庸人自扰。所以，做人应当自然。对于世外桃源之人，那么多的繁文缛节，实在让人心累。不仅外形宜免世俗之相，与朋友游乐同样以怡神陶性为高，不受时间限制为真。要把自己的真心融汇于大自然，让自己的生活适合自己的本性，为自己而活着。陶渊明抚无弦的琴，他自我陶醉：“要知琴中趣，何弄弦上音。”所以他经常以抚无弦琴自娱。

庄子说：“深隐高蹈，决绝离世了，不是至知厚德人所为。执迷不悟，追逐外物，虽君臣相替，也不过是时势所为，易世不必自相轻贱。所以至人没有偏滞的行为。”做人的确应该游心大道，任其自然。

放得心下　脱凡入圣

◎ 我是主持人

每个人都羡慕轻松悠闲的生活，不用为世俗的纷纷扰扰所困惑。其实，只要你敢于放下自己的欲望，就能享受到这一切。

◎ 原文

放得功名富贵之心下，便可脱凡；放得道德仁义之心下，才可入圣。

◎ 注释

脱凡：脱是脱俗，即超越尘世的意思。

入圣：进入光明伟大的境界。

◎ 译文

一个人能丢开追求功名富贵的权势主义思想，就可以超越庸俗的尘世杂念；一个人能不受仁义道德等教条的思想束缚，才可以进入超凡绝俗的圣贤境界。

◎ 直播课堂

竹叶因风摇曳，叶影洒在阶上，动个不停，仿佛在扫尘，而尘却不走；明月映在水里，仿佛照彻了水底，然而却没有丝毫痕迹。意指禅者志我的行为了无痕迹，不着一态。雨后初霁的田间小路上走过来两位僧人，一位是近世禅门怪杰原坦山，一位是道友文我环溪和尚。不一会儿，前面遇到一条小河，木桥已朽，无法渡人了。河水很混浊，咆哮不止。河边还站着一位姑娘，正为无法过河发愁，脚蹬草鞋的坦山，径直走到姑娘身边，说："姑娘别发愁，来，我抱你过河。"姑娘脸都红了，甚是羞怯，让坦山抱着，涉水过了河。二僧随即与姑娘道别，继续赶路。环溪内心一直犯疑，出家人怎么可以身抱妙龄女郎呢？他按捺不住地问道："坦山和尚，我们出家人应不近女色，你怎么能抱她呢？"坦山听后大笑："什么？你心里还抱着那个女子吗？我当时就把她放下了啊！"

超然物累　乐天之机

◎ 我是主持人

人生在世，并不是为了追逐名利，说到底是为了让自己成长，得到一番独特的体验。明白了这个道理，就不会为外物所累了。

◎ 原文

鱼得水逝而相忘乎水，鸟乘风飞而不知有风，识此可以超物累，可以乐天机。

◎ 注释

逝：游，行。

◎ 译文

鱼只有在水中才能优哉游哉地游，但是它们忘记了自己置身于水中；鸟只有借风力才能自由自在地飞翔，但是它们却不知道自己置身风中。人如果能看清此中道理，就可以超然置身于物欲的诱惑之外，只有这样才能获得人生的乐趣。

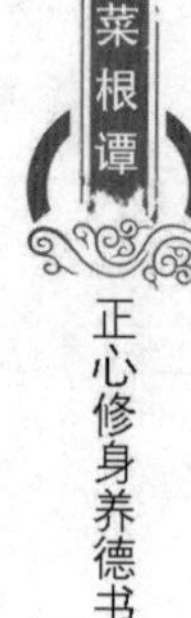

◎ 直播课堂

孔子说过：君子在没有得到职位的时候，在修养心志中感到快乐；得到职位后，在办好政事中得到快乐。传统的修身养性之道，有一条重要的原则是心静，静如止水才能排除私心杂念，无识无欲，心平气和。庄子看到鱼在水中游，很羡慕地说“乐哉鱼也”。鸟跟鱼能逍遥自在，是因为它们除了生理上的基本要求之外，没有像人类那么多的情欲物欲。

人生在世不只是为了活着，仅仅为了生存而来到人世就太可悲了。也正因为有知识、有理想、有追求，才会使人们经常陷入苦恼。因此，人生最大的快乐，只有在心静自然中获得。

宁静淡泊　得心真味

◎ 我是主持人

生活中很多平淡的事物中，其实都有深刻的道理，只是我们脚步匆匆，没来得及仔细观察。放慢你的脚步，品味平凡之美吧！

◎ 原文

静中念虑澄澈，见心之真体；闲中气象从容，识心之真机；淡中意趣冲夷，得心之真味。观心证道，无如此三者。

◎ 注释

澄澈：河水清澈见底。

真体：人性的真正本领。

冲：谦虚，淡泊。

夷：夷通，和顺，和乐。

◎ 译文

人只有在宁静中心绪才会像秋水一样清澈，这时才能发现人性的真正本源；人只有在安详、闲暇中气概才会像晴空白云一般悠闲舒畅，这时才能发现人性的真正灵魂；人只有在淡泊明志中内心才会像平静无浪的湖水一般谦虚和顺，这时才能获得人生的真正乐趣。要想观察人生的真正道理，再也没有比这种观人方式更好的了。

◎ 直播课堂

自古以来，许多文人志士都崇奉“淡泊以明志，宁静以致远”这两句名言，表现出一种儒家的风范。

东汉黄宪，字叔度，汝南人，当时著名人物郭泰，到汝南去拜访袁奉，相见后，就连车子都未停稳，交谈一会儿就离开了。而去拜望黄宪，则是整日交谈乃至住了两晚。别人问郭泰这是为什么。郭泰说：“袁奉的气质才学，就如同流水一样，虽然清澈却很容易酌取。而黄宪的气质才学，如同千顷碧波一样深广，平静安定时不会清亮透彻；搅乱鼓荡时又不浑浊，真是深不可测。”赞扬黄宪才学十分高深。朝廷屡次以孝廉的名义征召黄宪做官，他都拒绝，所以获得了徽君的美称。太尉陈蕃、周举对黄宪的人品才学很钦佩，常常说：“一月之间不与黄宪交谈，浅俗的念头就会萌生。”

老子和庄子都认为虚静是万物的本性，因而恬静的生活是一种符合人本性的生活，符合本性也就是自然的，而自然的境界就是一种最高的境界，亦是人性的真正本源。

自然规律的运行无休无息，万事万物因此而生成；成圣成王之道的运行也无休无息，所以天下人心归顺。如果能了解自然规律，通晓成圣成王的道理，并明白上下古今四方的变化都是遵循各自的天性，那个人的心境和行为就能归于平静。平静是天地的“水平仪”，恬静是个人最高的精神境界，是古代高尚之士精神的休息场所。心神宁静便空明，空明便能充实，充实便是完备。心神空明既象征宁静，由宁静后再行动就无往而不得，无往而不宜。同时，心神宁静便是无为，无为恬静自然就安逸和乐，安逸和乐的人就不受忧患灾难所困扰。当一个人内心非常安逸时，就能出现从容不迫的神态，这时考虑任何事情，就容易发现事理的奥妙，最能找出“识心之真机”。

天地父母　敦睦气象

◎ 我是主持人

当一个人安静下来，走入大自然的时候，就会感叹人类的渺小，大自然的宏伟，一切烦恼顿时烟消云散。

◎ 原文

吾身一小天地也，使喜怒不愆，好恶有则，便是燮理的功夫；天地一大父母也，使民无怨咨，物无氛疹，亦是敦睦的气象。

◎ 注释

愆：过失，错误。

燮理：调和，调理。

怨咨：怨恨，叹息。

氛疹：氛，凶气；氛疹是疾病。

◎ 译文

我们自己的身心就等于一个小世界，不论高兴与愤怒都不可以犯错误，尤其对于喜欢的和厌恶的东西也要有一定的标准，这就是做人的调理功夫；大自然就像人类的父母，负责养育人，要让每个人都没有牢骚怨尤，使万物都没有灾害而顺利成长，这也是造物者一番恩德、天地间一片祥和的景象。

◎ 直播课堂

这句话是在说，人的身体和宇宙必须协调，不可过悲过喜，更不可以因为自己的好恶或者是愤怒犯下过失。这是我们自己对自己亲善友好的恩德，就如同宇宙万物和谐共生一样，这就是造物主的恩德。情绪难控制，过喜过悲的人容易引发身体疾病，在日常生活中，还经常会反感身边的很多人，最后造成不必要的矛盾。保持一个良好的心情，生活中不大悲大喜，让自己保持一个放松自由的心情。

非丝非竹　不烟不茗

◎ 我是主持人

丝竹管弦，香茗松柏，这些固然可以怡情，但并不是有修为的标准。真正有修为的人，即使没有这些，也能体会到生活的美妙。

◎ 原文

人心有个真境，非丝非竹而自恬愉，不烟不茗而自清芬。须念净境空，虑忘形释，才得以游衍其中。

◎ 注释

丝竹：乐器。

茗：茶水。

形释：形是躯体，释有解说的意思。

游衍：逍遥游乐。

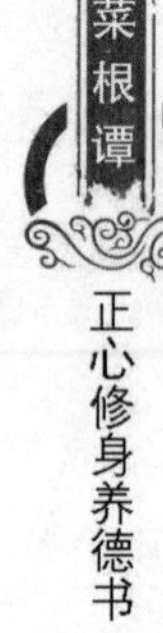

◎ 译文

人只要在内心维持一种真实的境界，没有音乐来调剂生活也会感到舒适愉快，不需要焚香烹茶就能使满室散着清香。只要能使心中有真实感受，而且思想纯洁意境空灵，就会忘掉一切烦恼，超脱形骸困扰，如此才能使自己逍遥游乐在生活之中。

◎ 直播课堂

一天，孟子和梁惠王在一个池塘边观景。梁惠王环顾周围的鸿雁麋鹿，面呈得意之色，对孟子说："有道德的人也享受这种快乐吗？"孟子回答说："只有有道德的人才能够享受这种快乐，没有道德的人即使有这种快乐，他也享受不了。"这就是所谓的"有德者方能有乐"。

人生的快乐有很多种，但归根结底，真正能使人感到充实的快乐，应该是那种无所挂碍的精神的舒展，是那种了无愧怍的心灵的放松，是那种胸怀坦荡的乐天知命。

心无物欲　坐有琴书

◎ 我是主持人

现代社会，有的人衣食无忧，夫妻和睦，但是他们并不会感到自在。如果能够放开心胸，去见识更广阔的世界，那时就会有满足感了。

◎ 原文

心无物欲，即是秋空霁海；座有琴书，便成石室丹丘。

◎ 注释

石室：本指珍藏贵重物品或书籍的地方，此引申为神仙居住的地方。

丹丘：此处指仙人所居的地方。

◎ 译文

一个人心中没有物欲，他的胸怀就会像秋天的碧空和平静的大海那样开朗；一个人闲居无事有琴书陪伴消遣，生活就像神仙一般逍遥自在。

◎ 直播课堂

《庄子·外物》中说："眼睛敏锐叫作明，耳朵灵敏叫作聪，鼻子灵敏叫作膻，口感灵敏叫作甘，心灵透彻叫作智，聪明贯达叫作德。大凡道德总不希望有所壅塞，壅塞就会出现梗阻，梗阻而不能排除就会出现相互践踏，相互践踏那么各种祸害就会随之而起。物类有知觉靠的是气息，假如气息不盛，那么绝不是自然禀赋的过失。自然的真性贯穿万物，日夜不停，可是人们却反而堵塞自身的孔窍。腹腔中有许多空旷之处因而能容受五脏怀藏胎儿，内心虚空便会没有拘系地顺应自然而游乐。屋里没有虚空感，婆媳之间就会争吵不休；内心不能虚空而且游心于自然，那么六种官能就会出现纷扰。森林与山丘之所以适宜于人，也是因为人们内心促狭、心神不爽。"

清贫不惫　精神畅裕

◎ 我是主持人

现代很多人都喜欢去郊区甚至乡村度假，在那里他们能感到真正的放松，体会到无忧无虑的田园之趣。其实，只要内心淡泊，即使身在闹市，也能精神愉悦。

◎ 原文

山林之士，清苦而逸趣自饶；农野之人，鄙略而天真浑具。若一失身市井驵侩，不若转死沟壑，神骨犹清。

◎ 注释

饶：富有，丰足。

鄙略：鄙是浅鄙，略是粗疏。鄙略是指才华低劣粗浅。

天真：天真烂漫，任其天然，没有丝毫人力教养的真性。

驵侩：从中介绍买卖之人，古代称市郎。

◎ 译文

隐居山野林泉的人，物质生活虽然很清贫，但是精神生活却极为充实；从事种田耕作的人，学问知识虽然浅陋，但是却具有朴实纯真的天性。假如一旦回到都市，变成一个充满市侩气的奸商蒙受污名，倒不如死在荒山野外，还能保持清白的名声和傲骨。

◎ 直播课堂

庄子身穿粗布衣并打上补丁，工整地用麻丝系好鞋子走过魏王身边。魏王见了说："先生为什么如此惫懒呢？"

庄子说："是贫穷，不是惫懒。士人身怀道德而不能够推行，这是惫懒；衣服坏了鞋子破了，这是贫穷，而不是惫懒。这种情况就是所谓生不逢时。大王没有看见过那跳跃的猿猴吗？它们生活在楠、梓、豫、樟等高大乔木的树林里，紧抓住藤蔓似的小树枝自由自在地跳跃而称王称霸，即使是神箭手羿和逢蒙也不敢小看它们。等到生活在柘、棘、枳枸等刺蓬灌木丛中，小心翼翼地行走而且不时地左顾右盼，内心恐惧发抖，这并不是筋骨紧缩有了变化而不再灵活，而是所处的生活环境很不方便，不能充分施展才能。如今处于昏君乱臣的时代，要想不疲惫，怎么可能呢？比干遭剖心的刑戮就是最好的证明啊！"

下篇

《菜根谭》深度报道

第一章 要想成功，必经磨炼

论及成就事业，《菜根谭》中有这么一段话：欲修炼精金美玉的人品，定从烈火中煅来；思立掀天揭地的事功，须向薄冰上履过。就是说，要想追求那种金玉般纯洁的品德，必须到轰轰烈烈的事业中去磨炼；要想创立惊天动地的功绩，必须到难关险隘中去拼搏。

成功是不断累积的

一念错，便觉百行皆非，防之当如渡海浮囊，勿容一针之罅漏；万善全，始得一生无愧，修之当如凌云宝树，须假众木以撑持。就是说，因为一念之差而办错了事，就会使你觉得所有行为都有过失，所以谨防差错就像渡海携带的气囊一样，容不得针尖大的一点裂缝；什么样的好事都做，才能使人一生无愧无悔，所以修身就像西方佛地的凌云宝树要靠众多的林木扶持一样，要多多积累善行。

楚怀王曾与项羽、刘邦约定，先入关者为王。结果刘邦的十万军队首先攻入咸阳，推翻了秦朝，屯住在霸上。项羽率领四十万大军晚到了一步，驻扎在新丰、鸿门。项羽的谋士范增说："从刘邦入关后的情况来看，他的志向不小。将来能够与大王争天下的必是他，不如趁现在他羽翼未丰的时候把他除掉，以免将来后患无穷。"项羽同意设鸿门宴处死刘邦。但是在鸿门宴上刘邦一再称颂恭维项羽，项羽竟非常得意，起了仁义之心，忽然改变主意使刘邦得以脱身。

项羽这一念之差，使得刘邦东山再起，迅速壮大，最后在垓下之战，逼得项羽乌江自刎，丢了性命，也丢了江山。

锐意进取，信念不丢

天薄我以福，吾厚吾德以迓之；天劳我以形，吾逸吾心以补之；天厄

我以遇，吾享吾道以通之。天且奈我何哉？意思是说，如果上天不肯给我福分，我就多做善事培养我的福分；如果上天用劳苦困乏我，我就用安逸的心情保养我的身体；如果上天用穷困折磨我，我就开辟求生之路打通困境。如此一来，上天又能如何我呢？

命运不会对每个人都一样的公平，在不公平的命运面前，只能自强不息，依靠自己来拯救自己，绝对不能自叹命薄，自暴自弃。只有锐意进取、信念不丢，才是改变命运的最佳方法。

成功学家拿破仑·希尔在演讲中曾经讲过这样一个故事。

一个叫塞尔玛的女士陪伴丈夫驻扎在沙漠中的陆军基地，丈夫奉命去沙漠演习，她一个人留在铁皮房子里。天气很热，身边只有语言不同的墨西哥人和印第安人，没有人可以和她聊天。她非常难过，于是就写信给父母，说要丢开一切回家去。她父亲的回信就两行字，但是这两行字却永远留在了她的心中，且从此完全改变了她的生活。

这两行字是这样的：

两个人从牢笼的铁窗望出去，一个人看到泥土，一个人却看到了星星。

塞尔玛不断看这封信。待她终于明白的时候，自觉非常惭愧，于是她开始了另一种生活，她开始研究沙漠中的仙人掌等沙漠植物，观看沙漠日落，于是难以忍受的环境变成了令她流连忘返的奇境。一念之差，她把恶劣的环境变成了一生中最有意义的一次旅行，后来她还写了一本书，轰动一时。她从自己造的牢房里看出去，终于看到了星星。

其实，一切都没有变，改变的只是她的心态与信念。

在美国纽约，有一位年轻的警察叫亚瑟尔，在一次追捕行动中，他被歹徒用冲锋枪射中左眼和右腿膝盖。3 个月后，当他从医院里出来时，完全变了个样：一个曾经高大魁梧、双目炯炯有神的英俊小伙现已成了一个又跛又瞎的残疾人。

纽约市政府和其他各种组织授予了他许许多多勋章和锦旗。纽约有线电台记者曾问他：“您以后将如何面对您现在遭受到的厄运呢？”他说：“我只知道歹徒现在还没有被抓获，我要亲手抓住他！”他那只完好的眼睛里透射出一种令人战栗的愤怒之光。

这以后，亚瑟尔不顾任何人的劝阻，参与了抓捕那个歹徒的行动。他几乎跑遍了整个美国，甚至有一次为了一个微不足道的线索独自一人乘飞机去了欧洲。

9年后，那个歹徒终于在亚洲某个小国被抓了，当然，亚瑟尔起了非常关键的作用。在庆功会上，他再次成了英雄，许多媒体称赞他是最坚强、最勇敢的人。

半年后，亚瑟尔却在卧室里割脉自杀了。在他的遗书中，人们读到了他自杀的原因："这些年来，让我活下去的信念就是抓住凶手……现在，伤害我的凶手被判刑了，我的仇恨被化解了，生存的信念也随之消失了。面对自己的伤残，我从来没有这样绝望过……"

或许在生命中我们什么都可以缺少，譬如失去一只眼睛，或者一条健全的腿，但就是不能失去信念。

曾经有人讲过这样一个耐人寻味的故事：一场突然而来的沙漠风暴使一位旅行者迷失了前进的方向。更可怕的是，旅行者装水和干粮的背包也被风暴卷走了。他翻遍身上所有的口袋，找到了一个青青的苹果。"啊，我还有一个苹果！"旅行者惊喜地叫着。

他紧握着那个苹果，独自在沙漠中寻找出路。每当干渴、饥饿、疲乏袭来的时候，他都要看一看手中的苹果，抿一抿干裂的嘴唇，陡然又会增添不少力量。

一天过去了，两天过去了。第三天，旅行者终于走出了荒漠。那个他始终未曾咬过一口的青苹果，已干巴得不成样子，他却宝贝似的一直紧攥在手里。

在深深赞叹旅行者之余，人们不禁感到惊讶：一个表面上看来是多么微不足道的青苹果，竟然会有如此不可思议的神奇力量！

是的，这是信念的力量！这是精神的力量！信念，是成功的起点，是托起人生大厦的坚强支柱。在人生的旅途中，不可能总是一帆风顺、事随人愿。有的人身躯可能先天不足或后天病残，但他却能成为生活的强者，创造出常人难以创造的奇迹，这靠的就是信念。对一个有志者来说，信念是立身的法宝和希望的长河。

信念的力量在于即使身处逆境，亦能帮助你扬起前进的风帆；信念的伟大，在于即使遭遇不幸，亦能召唤你鼓起生活的勇气。信念，是蕴藏在心中的一团永不熄灭的火焰。信念，是保证一生追求目标成功的内在驱动力。信念的最大价值是支撑人们对美好事物的孜孜以求。坚定的信念是永不凋谢的玫瑰。

宋朝大诗人陆游曾经作诗云："山重水复疑无路，柳岸花明又一村。"在生活中碰到失意的时候，要有摆脱困境的信心，不要灰心丧气，只要希望不灭，总会有成功的那一天。

穷且益坚，自古英雄多磨难

横逆困穷是锻炼豪杰的一副炉锤。能受其锻炼则身心交益；不受其锻炼则身心交损。意思是说，逆境与贫困，如同造就英雄豪杰的熔炉与铁锤。只要经得住这种考验，无论对精神还是对肉体都会又所收益；如果经不起这种磨练，那么在精神上、肉体上都会受到损害。

贫困是一种财富。俗话说："穷则思变，变则通，通则久。"越是身处逆境，越是能激发起人的上进心，有志者面对逆境"穷且益坚，不堕青云之志。"

翻开美国历史，大部分成功者最初都是穷苦的孩子。……伟大人物无一不是经由苦难而造就的。

有人问一个著名的艺术家，一位跟他学画的青年将来能否成为一位著名画家。那艺术家回答道："不，决不可能！他每年有着6000英镑的收入呢！"这位艺术家知道，人的本领是从艰难困苦中奋斗出来的，而在富裕境况之下很难产生有为的青年。

安德鲁·卡内基曾经说："不要以为富家的子弟，得到了好的命运。大多数的纨绔子弟，做了财富的奴隶，他们不能抵制任何的诱惑，以至陷于堕落的境地。要知道，享乐惯了的孩子，绝不是那些出身贫贱的孩子的对手。一些穷苦的孩子，甚至穷苦得连读书的机会也没有的孩子，成人之后却成就了大事业。一些普通学校一毕业就投入企业界的苦孩子，开始做着非常平凡的工作。可这些苦孩子，也许就是无名的英雄，将来能拥有很丰富的资产，获得无上的荣誉。”

为脱离艰难的境地而努力挣扎，是去除贫穷的唯一方法，而这一件事最能造就人才。如果人类社会的成员一生下来口里就有一把调羹，就不需要因为生存的压迫而去工作，那么恐怕人类文明直到现在还处于十分幼稚的阶段，人类就无法走出她的孩提时代。

许多获得成功的卓越人物，比如发明家、科学家、大商人，企业家、政治家，都是因为受了贫困的刺激，努力向前，从此发展他们的才干，才成就其伟业的。

在美国，有好多来自外国的移民，他们并不精通英文，也没有受过高深的教育，既没有朋友的相助，也没有优裕的生活，可是他们竟然在美国获得了显要的地位，拥有巨额的资产。这些成就，足以使家境富裕、知识丰富而最终默默无闻的人自惭形秽！

伟大人物无一不是经由苦难而造就的。一个人如果好逸恶劳、贪图享受，就无法战胜困难，也就决不会有什么发展。俗话说得好：“生前没有经历困难的人，他的生命是不完整的。”

如果一个年轻人从出生到长大，一贯依赖他人，从不想为自己的面包而奋斗。这样的青年，会白白地送掉他的一生，好不可惜！森林里的橡树之所以高大挺拔，是由于它和狂风暴雨作斗争的结果。

贫穷就好像我们健身房里的运动器械，可以锻炼人，使人体格强健，所以，贫穷是我们努力奋斗最有利的出发点。安德鲁·卡内基说：“一个年轻人最大的财富莫过于出生于贫贱之家。”贫穷本是困厄人生的东西，但经由奋斗而脱离贫穷，便是无上的快乐。

两度出任美国总统的格鲁夫·克利夫兰起初也不过是个穷苦的店员，赚着每年 50 英镑的工资，他后来说：“的确，极度穷困所激发的雄心比较来得切实而有力。”

如果一个青年人的境遇不逼迫他工作，让他感到生活上的满足，那么他就不会再努力奋斗。工作上的努力，一方面固然是满足自己生存的需要，一方面却是在发展自己的人格，造福人类社会。当然，有的人往往只为自己而奋斗，他的努力也仅在求得满足自己的渴望。

一个生活优裕的命运宠儿说："一早就起床工作，有什么意思呢？我将有财富来临，尽可享用一生呢。"于是，他翻过身来，再睡一觉。而唯有那些无所凭借、无所依赖的孩子，一早就起床，勤勤恳恳地工作。他知道，除了自己的努力以外，再也没有第二条出路。他没有人可以依靠，没有有力者垂青，只有靠自己，为着自己的前途而努力。

但狡黠的大自然就通过这种方法，来实现了发达人类的目的。大自然偏爱那些努力奋斗的孩子，给他们高尚的品格、富足的资产和优越的地位。

恰如古人所说："天将降大任于斯人也，必先苦其心志，劳其筋骨，饿其体肤，空乏其身，行拂乱其所为，所以动心忍性，增益其所不能。"

忍耐持久，苦尽甘来

俗语说："爬山要耐得斜坡上的险径，踏雪要有胆踏过危险的桥梁。"可见这一个"耐"字具有深长的意义，险诈奸佞的世间人情，坎坷不平的人生道路，如果没有这一个"耐"字支撑下去，有几人不坠入杂草丛生的沟壑呢？

人生之路布满荆棘，人生之事十之八九不遂人愿，苦累和逆境是具有普遍意义的。忍苦耐劳，忍辱负重耐寒，便是人生中一种经常性的忍，也是有志者必须做到的第一忍。

乌龟，堪称大自然最完美的杰作。因为作为一个物种，它的进化与繁衍生存都是属于非凡成功的典范。

一般人看乌龟，只注意它的丑陋、笨拙，而忽视了它那种难能可贵的乌龟精神和超强的生命力奇迹。实际上，在乌龟身上，有许多的优秀品

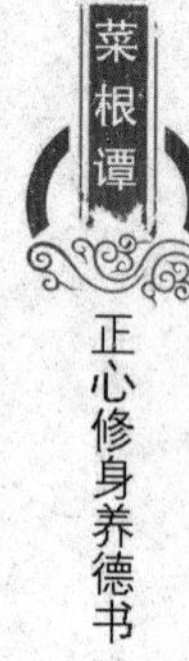

质，是值得人类学习的。

首先，它是顽强的信念守恒者——物种的长存和自身长寿这一亘古不变的先天信念，使它们能够亿万年繁衍，生息不灭。所以，连我们人类也不得不谦卑地称它们为古老的物种。

耐心，在必要的情况下，它可以做到生与死的暂时互换，以达到求生存的目的。这是世界上任何一种动物都无法做到的。只要需要那样做，它的耐心即可化为顽石，几天、几个月乃至几年一动不动。自然界的残酷让它们明白了，时间是战胜一切的法宝。而利用时间作武器克敌制胜，就必须炼成一种近乎于死亡的超凡耐心。

而这种耐心必须由一副坚硬的甲壳来保护，坚硬的甲壳就是乌龟抵挡外界侵害的外衣，即使那外衣让它看上去笨拙丑陋，它也丝毫不在意。

乌龟的成功让骄傲的人类嫉羡无比，所以，自古便有人类拜乌龟为师的先例。练气的人，专有研究龟息之术的，佛家的坐禅，以及现代人搞的坦克等等都是从乌龟的身上模仿而来。拜乌龟为师，你将受益无穷。

心灯就乌龟而言，它无非就是求生存、长寿。对人而言，则是指追求的方向和成功的信念，但是不管我们的目标是什么，都需要向着目标努力。目标不同，成功的形式自然也是各异的。我们可能乘飞机在天上飞来飞去，或驾车在高速公路上飞驰，或借助于电脑、电话……而乌龟在泥土里缓缓挪动或缩进甲壳中与食肉动物们较量意志。

生命的奇迹完全在于你必须赋于它一种信念的力量；一个在信念力量驱动下的生命即可创造人间奇迹。

天汉元年（公元前100年），苏武受汉武帝之命，以中郎将的身分为特使，拿着汉武帝亲手交给他的“旄节”，与副使张胜以及助手常惠和百余名士兵，携带着送给单于的礼物，护送以前扣留下来的全部匈奴使者回匈奴去。当苏武在匈奴完成任务准备返汉时，一件意外的事情发生了。

前些时候投降匈奴的汉使卫律有个部下叫虞常，想要谋杀卫律归汉。这个虞常在汉朝时与张胜私交甚好，就把整个计划跟张胜说了，张胜赠送礼物以示支持，没想到虞常的计划还没实施就泄露了。苏武因张胜而受牵连，他怕受审公堂给汉朝丢脸，想拔刀自杀，被张胜、虞常制止。

虞常受审，经受不住酷刑供出了张胜，因为张胜是苏武的副使，单于命令卫律去叫苏武来受审，苏武不愿受辱，又一次拔刀自杀，被卫律抱住夺下刀来，但苏武已受重伤，血流如泣晕死过去。苏武视死如归，单于佩服他的勇气，希望苏武能够投降为他效力，早晚派人来问候，企图软化苏武。但苏武不肯屈服。

苏武恢复健康后，单于命令卫律提审虞常和张胜，让苏武旁听，在审讯过程中，卫律当场杀死虞常以此威胁张胜。张胜胆却跪下投降，卫律又威胁苏武并举起宝剑向苏武砍来，苏武面不改色地迎上前去，卫律看软化威胁都不能使苏武屈服，就报告单于。单于听说苏武这样坚强，就更加希望苏武投降。他下命令把苏武囚禁在一个大窖里，不给一点吃喝。这时天上正下着大雪，苏武就躺在那里，嚼着雪团和毡毛一起咽进肚里，几天以后，仍顽强地活着。

单于一计不成，又命令人把苏武迁移到北海没有人烟的地方，让他独自放牧公羊，说是等公羊生子才让他归汉，在荒无人烟的北海，苏武白天拿着汉朝的旄节放羊，晚上握着它睡觉。没有口粮，他就挖掘野鼠洞里藏的草籽充饥。当单于又派人劝降，并告知他母亲已死，兄弟自杀，妻子改嫁，儿女下落不明、死活不知的消息，想以此达到动摇他的信念的目的，但又一次被他斩钉截铁地拒绝了。

苏武在荒凉酷寒的北海边上，忍饥挨饿、受尽苦难，但仍以坚强的毅力，度过了漫长的、艰苦的岁月。一直到汉昭帝始于元六年（公元 81 年）的春天，经几度交涉，苏武、常惠等 9 人才终于回到了久别的首都长安。苏武出使的时候，是个 40 岁左右的壮汉，他在匈奴过了 19 年非人的生活，归汉时已是个须发皆白的老人。苏武坚忍不屈、不怕磨难、永不失节的事迹轰动了朝野上下，被编成歌曲在民间广泛流传。

从自杀到顽强的活下来，苏武的所作所为都是在逆境中向敌人显示大汉朝人的一种尊严。两次自杀是怕大堂受审给祖国丢脸，说明他根本就是个将生死置之度外的刚强汉子。后来又在极其恶劣的非人生活条件下坚持了 19 年之久，却是在向敌方示威：我虽无力反抗，但我决不投降变节。他抱定了“我顽强地活给你看”和“不回汉朝，死不瞑目”的信念，克服所有的困难，承受着非人的折磨，终于坚持到返家归国。

坚定的信念创造了奇迹。他在不可能的条件下生存了 19 年并最终夙愿得偿。

要想有所成就，就必须经受住重大的人生挫折和非常的磨难。所谓“梅花香自苦寒来”正是这个道理。一个人如果连苦累、饥寒、失败和侮辱都忍不了，那就没有什么能忍受的。越是经常性的忍，越需要精神和毅力来支撑。否则，一点苦也受不了，那就休想干成什么大事。

第二章
站得高才能看得远

登高使人心旷，临流使人意远；读书于雨雪之夜，使人神清；舒啸于丘阜之巅，使人兴迈。意思是说，登上高山放眼远看，就会使人感到心胸开阔；面对流水凝思，就会让人意境悠远。

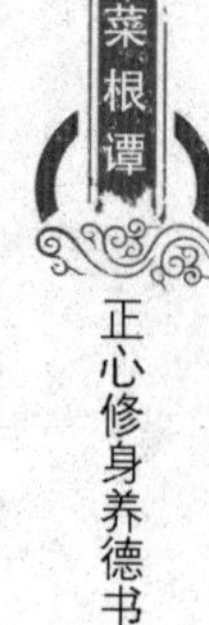

志当存高远，三军可夺帅

立身不高一步立，如尘里振衣、泥中濯足，如何超达？处世不退一步处，如飞蛾投烛、羝羊触藩，如何安乐？意思是说，为人如不能用较高的标准来要求，就像在尘土中拍打衣物，在泥水里洗脚，怎么可能超脱凡俗？为人处事如不能急流勇退，就像飞鹅扑火、公羊撞篱，怎么可能会安逸快乐？

做人要有理想，有大志，才有成就大事的可能。三国时的诸葛亮曾说过：志当存高远。高标准严格要求自己才能磨练出好的品质，如果没有理想，怎样才能进入超凡脱俗的境界？

有个叫布罗迪的英国教师，在整理旧物时，发现了一叠练习册，它们是皮特金幼儿园 B（2）班 31 位孩子的春季作文，题目叫：未来我是——

他本以为这些东西在德军空袭伦敦时，早已被炸毁了。没想到，它们竟安然地躺在一只木箱里，并且一躺就是 50 年。

布罗迪随手翻了几本，很快被孩子们千奇百怪的自我设计迷住了。比如有个叫彼得的小家伙说，未来的他是海军大臣，因为有一次他在海中游泳，喝了大约三升海水都没被淹死；还有一个说，自己将来必定是法国的总统，因为他能背出 25 个法国城市的名字，而其他同学最多只能背出 7 个；最让人称奇的是一个叫戴维的小盲童，他认为，将来他必定是英国的内阁大臣，因为在英国还没有一个盲人进入内阁……

总之，31 个孩子都在作文中描绘了自己的未来，有想当驯狗师的、有想当领航员的、有要做王妃的——五花八门，应有尽有。

布罗迪读着这些作文，突然产生了一种冲动——何不把这些练习本重新发到同学们手中，让他们看看现在的自己是否实现了 50 年前的梦想？

当地一家报纸得知布罗迪的这一想法，为他发了一则启事。没几天，书信从各地向布罗迪飞来。他们中间有商人、学者及政府官员，更多的是没有身份的人，他们都表示，很想知道自己儿时的梦想，并且很想得到自己当年的作文簿。布罗迪按地址一一给他们寄去了练习册。

一年后，布罗迪身边仅剩下一个作文本没人索要，他想，这个叫戴维的盲孩子也许死了。毕竟整整 50 年了。

就在布罗迪准备把这个本子送给一家私人收藏馆时，他收到内阁教育大臣布伦克特的一封信。他在信中说："那个叫戴维的人就是我，感谢您还为我们保存着儿时的梦想。不过我已经不需要那个本子了，因为从那时起，我的梦想就一直珍藏在我的脑子里，没有一天忘记过。

50 年过去了，可以说我已经实现了梦想。今天，我还想通过这封信告诉其他的同学，只要不让年轻时的梦想随岁月飘逝，成功总有一天会出现在你的面前。"

所有成功的人都是在生活的早期就清楚明白的确立自己的方向，并且始终如一地把他们的能力对准这一目标前进的人。巴斯德告诉我们说，使他达到目标的奥秘是他唯一的力量——坚持精神！

有一个孩子非常喜欢拉小提琴，他 7 岁时就和旧金山交响乐团合作演奏了门德尔松的小提琴协奏曲。未满 10 岁就在巴黎举行了公演，被人们誉为神童。

1926 年，10 岁的小男孩在父亲的带领下，来到巴黎拜访艾涅斯库，他一心想成为艾涅斯库的学生。

他说："我想跟您学琴！"艾涅斯库冷漠地回答："你找错人了，我从来不给私人上课！"男孩坚持说："但我一定要跟您学琴，求您先听听我拉琴吧！"艾涅斯库说："这件事不好办，我正要出远门，明天早晨六点半就要出发！"男孩忙说："我可以提早一个小时来，在您收拾东西时拉给您听，好吗？"

艾涅斯库被男孩的坚决意志打动了，他说："那好吧，明早五点半到克早希街 26 号，我在那里等你。"

第二天早晨 6 点钟，艾涅斯库听完了男孩的演奏。他兴奋而满意地走出房间，对等候在门外的男孩的父亲说："我决定收下你的儿子不用付学费，他给我带来的快乐完全抵得过我给他的好处。"

男孩从此成为艾涅斯库的学生，他努力学琴，最终学有所成。他就是后来的世界著名小提琴演奏家梅纽因。

人无远虑，必有近忧

色欲火炽，而一念及病时，便兴似寒灰；名利饴甘，而一想到死地，便味如嚼蜡。故人常忧死虑病，亦可省幻业而长道心。意思是当性欲烈火燃烧时，只要想一想生病的痛苦情形，欲火立刻变成一堆冷灰；当功名利禄蜂蜜般甘美时，只要想一想走向死地的情景，名利就会味同嚼蜡。所以一个人要经常想到疾病和死亡，也可以消除罪恶之念而增长德业之心。

有人曾说过，我每天的工作中，有95%是为了未来五年、十年、二十年做预先计划。换句话说，是为未来而工作。

世界上最贫穷的人并非是身无分文的人，而是没有远见的人。只有看到别人看不见的事物，才能做到别人做不到的事情。

有一位哲学家到一个建筑工地分别问三个正在砌墙的工人说："你在干什么？"第一个工人头也不抬地说："我在砌砖。"第二个工人抬了抬头说："我在砌一堵墙。"第三个工人热情洋溢、满怀憧憬地说："我在建一座教堂！"

听完回答，哲学家马上就判断了这三个人的未来：第一个心中眼中有砖，可以肯定，他一辈子能把砖砌好，就很不错了；第二个眼中有墙，心中有墙，好好干或许当一位工长、技术员；唯有第三位，必有大出息，因为他有"远见"，他心中有一座殿堂。

有远见的人心中装着整个世界；相反，没有远见的人只看到眼前的、摸得着的手边的东西，他们急功近利，只看到眼前的一点小小的好处，杀鸡取卵，结果不仅原先得到的一点好处丧失掉，就是老本也未必能捞的回来。

有个故事，说的是一个穷人，很穷。一个富人见他可怜，就起了善心，想帮他致富。富人送给他一头牛，嘱咐他好好开荒，等春天来了撒上种子，秋天就可以远离那个“穷”字了。

穷人满怀希望开始奋斗。可是没过几天，牛要吃草，人要吃饭，日子比过去还难。穷人就想，不如把牛卖了，买几只羊，先杀一只吃，剩下的还可以生小羊，长大了拿去卖，可以赚更多的钱。

穷人的计划如愿以偿，只是吃了一只羊之后，小羊迟迟没有生下来，日子又艰难了，忍不住又吃了一只。穷人想，这样下去不得了，不如把羊卖了，买成鸡，鸡生蛋的速度要快一些，鸡蛋立刻可以赚钱，日子立刻可以好转。

穷人的计划又如愿以偿了，但是日子并没有改变，又艰难了，又忍不住杀鸡。终于杀到只剩一只鸡时，穷人的理想彻底崩溃。他想，致富是无望了，还不如把鸡卖了，打一壶酒，三杯下肚，万事不愁。

很快春天来了，发善心的富人兴致勃勃送种子来了，赫然发现穷人正就着咸菜喝酒，牛早就没有了，房子里依然一贫如洗。富人转身走了。穷人当然一直穷着。

眼前的利益终是有限和短暂的。但我们的生命中总会碰到一些没有远见的人，而由于特殊的原因，我们又不得不与之发生各种各样的纠葛。如果我们因为自己的远见而要求对方也能具有远见的头脑，要求对方轻松地理解自己的想法和追求，那我们多半会以失败告终。

有很多时候，我们认为眼前的利益就是最大和最好的，而等到我们把事情做完后才发现原来还要耗费那么多的精力和时间。而如果用同等的精力和时间去做别的事情，虽然一下子没有那么大的利益，但是做的事情却多得多，总利益也比做一件事情来得要多得多。一个人要想有大的发展，就要有战略的眼光，要学会放弃，只有放弃眼前的蝇头小利，才能获得长远的大利。而对于没有远见的人，给他谈远见也无疑是对牛弹琴，为对方着想最后却落了一身的不痛快。对这样的人，就给他眼前的利益好了，省得好心不得好报，出力不讨好。

拘泥于微小的利益，就无法成就大事业。

独具慧眼的人，决不会把视野局限在眼前的小利上，而是用极有远见的目光关注未来。想成就大事业，就不该拘泥于蝇头小利，不该贪婪无度。只有懂得用长远的目光看问题，才能有广阔的发展前途。

第三章 修身养性，只和心有关

凡是能够修身养性最终取得成功的人，大多是因为他们能够换位思考和宽宏大量。修身养性在身体力行的同时，心态是最重要的。

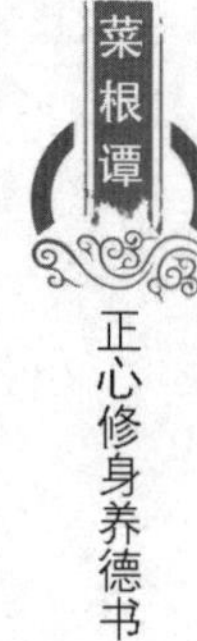

海纳百川，有容乃大

地之秽者多生物，水之清者常无鱼。故君子常存含垢纳污之量，不可持好洁独行之操。意思是说，污秽之地往往有利于各种生命繁衍，清澈的水中通常没有鱼儿栖息。所以君子应当培养包容万物的气度，要容得下别人的缺点和错误，千万不能过于高洁而孤芳自赏。

林则徐有一句名言："海纳百川，有容乃大。"与人相处，有一分退让，就受一分益；吃一分亏，就积一分福。相反，存一分骄，就多一分屈辱，占一分便宜，就招一次灾祸。所以说：君子以让人为上策。

战国时，梁国与楚国交界，两国在边境上各设界亭，亭卒们也都在各自的地界里种了西瓜。梁亭的亭卒勤劳，锄草浇水，瓜秧长势极好，而楚亭的亭卒懒惰，对瓜事很少过问，瓜秧又瘦又弱，与对面瓜田的长势简直不能相比。楚人死要面子，在一个无月之夜，偷跑过去把梁亭的瓜秧全给扯断了。梁亭的人第二天发现后，气愤难平，报告县令宋就，说我们也过去把他们的瓜秧扯断好了。宋就听了以后，对梁亭的人说："楚亭的人这样做当然是很卑鄙的，可是，我们明明不愿他们扯断我们的瓜秧，那么为什么再反过去扯断人家的瓜秧？别人不对，我们再跟着学，那就太狭隘了。你们听我的话，从今天起，每天晚上去给他们的瓜秧浇水，让他们的瓜秧长得更好，而且，你们这样做，一定不要让他们知道。梁亭的人听了宋就的话后觉得有道理，于是就照办了。楚亭的人发现自己的瓜秧长势一天好似一天，仔细观察，发现每天早上地都被人浇过了，而且是梁亭的人在黑夜里悄悄为他们浇的。楚国的边县县令听到亭卒们的报告后，感到非常惭愧又非常敬佩，于是把这事报告给了楚王。楚王听说后，也感于梁国人修睦边邻的诚心，特备重礼送梁王，既以示自责，也以表酬谢，结果这一对敌国成了友邻。

要做到忍让，就必须具有豁达的胸怀，在为人处世、待人接物时，不能对他人要求过于苛刻。应学会宽容、谅解别人的缺点和过失。要做到这一点，就要有气量，不能心胸狭窄，而应宽宏大度。特别是在小事上，如果宽大为怀，尽量表现得“糊涂”一些，便容易使人感到你通达世事人情。

一位住在山中茅屋修行的禅师，有一天，趁夜色到林中散步，在皎洁的月光下，他突然开悟了。他走回住处，眼见到自己的茅屋遭小偷光顾。找不到任何财物的小偷要离开的时候在门口遇见了禅师。原来，禅师怕惊动小偷，一直站在门口等待，他知道小偷一定找不到任何值钱的东西，早就把自己的外衣脱掉拿在手上。

小偷遇见禅师，正感到惊愕的时候，禅师说：“你走老远的山路来探望我，总不能让你空手而回呀！夜凉了，你带着这件衣服走吧！”说着，就把衣服披在小偷身上，小偷不知所措，低着头溜走了。禅师看着小偷的背影穿过明亮的月光，消失在山林之中，不禁感慨地说：“可怜的人呀！但愿我能送一轮明月给他。”禅师目送小偷走了以后，回到茅屋赤身打坐，他看着窗外的明月，进入空境。

第二天，他在阳光温暖的抚触下，从极深的禅室里睁开眼睛，看到他披在小偷身上的外衣被整齐地叠好，放在门口。禅师非常高兴，喃喃地说：“我终于送了他一轮明月！”

这就是人心受到感召的力量和改变。也许有人认为克制忍让是卑怯懦弱的表现。其实，这正是把问题看反了。古人说得好：“猝然临之而不惊，无故加之而不怒，”这才是真正的英雄。只有头脑简单的无能之辈，才会为芝麻绿豆大的小事各不相让，争得面红耳赤。而能放手时则放手，得饶人处且饶人，才正是心胸豁达、雍容雅量的成功者所应具备的高贵个性。

世间没有十全十美的事物，“尺有所长，寸有所短”，每个人都有自己的缺点和优点。人际交往中应当求存同异，尊重每个人的个性差异，要容纳别人的缺点，原谅别人的过错，“海纳百川，有容乃大。”

宽恕别人，解脱自己

人之过误宜恕，而在己则不可恕；己之困辱宜忍，而在人则不宜忍。

别人的过失和错误应该尽量宽恕，而自己的过失和错误却不可轻易宽恕；当自己的贫困和屈辱应该尽量忍让，而别人的贫困和屈辱就不应该看着不管。

“宽恕别人，解脱自己”，虽说是老生常谈，但却是做人的真谛。真正的善待自己是给自己心灵的平静，是在宽恕别人的错误的同时，真正的让自己解脱和释然。

也许昨天，也许很久以前，有人伤害了我们，我们不能忘记。我们本不应受到这种伤害，于是你把它深深地埋藏在记忆里。但是，我们要知道世上如你一样受到伤害的人有很多，我们并不是唯一的一个。

我们所有人都在以自己的方式应对这个世界，在这个世界里，一个人甚至出于好意也会伤害他人。朋友背叛我们，父母责骂我们，爱人离开我们……总之，我们每个人都会受到伤害。

人在受到伤害的时候，最容易产生两种不同的反应：一种是怨恨，一种是宽恕。怨恨是我们对受到深深的无辜伤害的自然反应，这种情绪来得很快。女人希望她的前夫与他的新妻子倒霉；男人希望背叛了他的朋友被解雇。无论是被动的还是主动的，怨恨都是一种郁积着的邪恶，它窒息着快乐，危害我们的健康。它对怨恨者的伤害比怨恨更大。为我们自己的缘故，必须消除怨恨。

消除怨恨最直接有效的方法就是宽恕。宽恕必须承受被伤害的事实，要经过从“怨恨对方”到“我认了”的情绪转折，最后认识到不宽恕的坏处，从而积极地去思考如何原谅对方。

宽恕是一种能力，一种控制伤害继续扩大的能力。宽恕不只是慈悲，也是修养。生活中，宽恕可以产生奇迹，宽恕可以挽回感情上的损失，宽恕犹如一个火把，能照亮由焦躁、怨恨和复仇心理铺就的黑暗道路。

我们不妨来看看这个天真烂漫的16岁少女爱伦的故事。她的生母遗弃了她，这让她非常气愤，她常常问自己为什么生母不抚养自己呢？后来，她找到自己的生身父母，发现他们很年轻，十分贫穷，而且还没有结婚，只是同居在一起而已。

这时，爱伦的一个女友怀孕了，后来因为害怕把婴儿打掉了。爱伦帮助她的女友渡过了难关。渐渐地，她懂得了，在这种环境下，这么做是对的。她开始理解自己生母当时的处境了——因为太爱自己的孩子，所以只得送给别人，否则就会饿死。爱伦的同情心使她的愤怒情绪渐渐平息，她原谅了自己的生母，并找到了自己作为一个坚强有用的人的价值。

爱伦的做法是可爱的、明智的，当我们宽恕别人的时候，也正是我们人类固有的非凡的创造行为得以实现的时候，我们既治愈了创伤，又创造了一个摆脱过去痛苦的新起点。

宽容，是一种风度；宽容，是一种美德；宽容，是一种气质。悠悠岁月，茫茫人海，谁能保证不犯一点点的错误呢？抛弃怨恨，选择宽恕吧，宽恕别人，也是给自己一片新天地。

第四章 温和之人更有福气

人的脾气的好坏和性格有关，而性格又和德行有关，德行是不可能装出来的，是要靠自己一点一滴去修养的。只有性格温和的人，才会对别人温存、体贴、热爱，获得幸福。

不近恶事，不立善名

标节义者，必以节义受谤；榜道学者，常因道学招尤。故君子不近恶事，亦不立善名，只要和气浑然，才是居身之宝。意思是，标榜节义的人，必然会因为节义而受人批评诽谤；标榜道德学问的人，经常会因为道德学问而招致人们的指责。所以一个有德行的君子，既不做坏事，也不去争得美名，只是保持那种纯朴、敦厚和内心的和气，这才是一个人立身处世的无价之宝。

人们讨厌假道学伪君子，因为做人要平实无欺，不可自我标榜吹嘘。真理不是巧言，仁义更非口说。换言之，学问道德并非吹嘘而来，是从艰苦修养中累积而成。

有的人好虚名，披上道德外衣，实质上是在骗取人们信任，满足私欲需求，与为非作歹固然有别但却具有更大的欺骗性。一个人居身立世确立正确的原则，不是为了给别人看，而是为磨炼自己的心性，使自己有一个健全的心态，完差的人格。

为人做事要光明正大，少动些花花肠子。进取之道，须把握中正的原则。首先要明白不该谋的位置就不谋，不要胡思乱想；另外，进取时不可用不正当的手段耍小聪明玩阴招，否则，到头来吃亏的还是自己。

《史记·佞幸传》里两次提到邓通，都说他没有任何技能，既不善唱歌，也不会跳舞，肚子里更是空荡荡的，没有谈论天下国家的才能。司马迁给了邓通这么严厉的评语。

平常，邓通既不喜欢与外界往来，汉文帝赐给他休假也不想外出，他只是一心对待文帝。日日夜夜，醒时也是，梦中亦然，皇上当然更是宠爱。于是，文帝赐给了邓通巨万财富。

文帝长了脓疮，邓通马上会为他吸吮。邓通替文帝吸脓血，太子刘启也只好替文帝吸脓血。刘启这样做除了表现忠诚之心，也是为了能平安无事地迎接即将就位的日子，所以才不得不照文帝的吩咐去做。当他用困顿的表情吸吮脓血探试文帝的病时，心中怎有不怨恨邓通之理？

邓通原本只是一个无处栖身、没有财产、甚至已到穷途末路而住在别人家中的船夫，靠使用媚功成为皇上的宠人，得以家财万贯。以他一个毫无一技之长的人，却能享有那段幸福的时光，也该满足了。

但是，好景不长，当初邓通一再地谄媚皇上，早已招致太子的怨恨。刘启即位后（汉景帝）找了一个机会免去了邓通的官职，把邓通家的钱财全部没收。最后邓通穷困而死。

一个人要是没有技能，为了谋求进取，往往会在“歪点子”上动脑筋。行为不光明正大，即使谋求到了一定的位置，那也是不正当的位置，本来就不应该是他的，早晚会遇到危险。

古代有一位叫郭子固的人，他当官从来不搞贿赂，因此他的官途很不通畅。家人劝他学得圆滑一点，妻子则对他说得更为直接：“廉洁有什么用，不过是个虚名。你没听人家说嘛，老实等于无能，公正等于吃亏，廉洁等于受穷。”

郭子固说：“我这个人不敢以廉洁自诩，只是没有弄钱的本事而已。”

妻子说：“现在社会风气就是这样，当官弄权，弄权发财。你就不会学着点，开始不会，时间一久也就学会了。”

郭子固说：“尽管社会风气如此，我这个人，还是这个人，是改不了的呀。”

高贵的品质往往以平淡的方式表现出来，但却不会因为表现形式的平淡而失去其应有的光彩。做人就是要做出一点骨气来，不向错误的东西妥协，不与腐朽的东西同流合污。不管人世如何沉浮，尽显自身正气本色，这样的人必定会成为对社会有用的人。

舍毋处疑，恩不图报

舍己毋处其疑，处其疑，即所舍之志多愧矣；施人无责其报，责其报，并所施之心俱非矣。做自我牺牲时，千万不要瞻前顾后、犹豫不决，临机计较，最后尽管做出了牺牲，其志节也会蒙羞；施恩于人，不要希图得到回报，若惦记着让人家回报，那施恩济人的心意就是假的了。

舍己是紧要关头的自我牺牲；施人行善则是几十年如一日地自愿奉献。二者在本质上是一致的，在表现方式上有所区别。

对舍己而言，如果没有理想追求，没有平日的修省做基础，那么在舍己的关头就很可能退却。从古至今无数的先贤、英雄，因为他们志向远大，品质高尚，所以在生命与国家利益、民族大义之间，他们毫不犹豫地舍生成仁，青史永垂。

假如一个人在关键时刻需要做自我牺牲，就不应存有计较利害得失的观念，有了这种观念就会对自己要做的这种牺牲感到犹疑不决，那就会使你的牺牲气节蒙羞。

三国名人当中，吕布肯定不是最坏的，但却肯定是最叫人不放心的。《三国志·吕布传》评曰："吕布有枭虎之勇而无英奇之略，轻狡反复，唯利是视，自古及今，未有若此而不夷灭也"。

在当时那个翻云覆雨的乱世，审时度势、改投明主本来不是什么大不了的瑕疵，张辽、马超、甘宁、太史慈都曾投效过好几位主公，世人却并不因此而笑他们不义；但吕布的特殊性在于，第一，他变节易虑的频率未免太过急促，第二，他变节后出尔反尔的手段未免太过狠毒。

综计吕布短促的一生，他起码投靠过七位主人：丁原、董卓、王允、袁术、袁绍、张杨、刘备。他和这七位主子的关系大体上都经过了三个阶段：起初是一见倾心、如胶似漆；不久便嫌隙从生、各怀鬼胎；最终是反目成仇甚至相互火拼，一世枭雄终于落了个被缢杀的下场。

“人中吕布，马中赤兔”，三国名将之中，单论武勇，无一人能和他吕布抗衡。可是如此一位天下无双的悍将，在做人的原则方面竟是那样的幼稚愚蠢，空有盖世武艺，怎奈毫无信义，一生朝秦暮楚，最后众叛亲离，实在令后人感叹不已。

救人于危难倒悬，不但得到了人缘、信誉及声望，你的形象实际上为你日后创大业赚大钱埋下了伏笔。不仅是积善积德，更是留下了人情，你日后所得势必要超过你的付出。那一天，你为他人雪中送炭；有一天，他人就会给你雨中送伞。

另外，如果能在做人情的过程中，把他人的利益放在明处，将自己的实利落在暗处，不但会达到自己的目的，而且可以获得对方的人情，可以名利双收，“甘蔗可以两头甜”。

三国时，周瑜曾因缺粮而为难，有人献计，说附近有个乐善好施的财主鲁肃，他家素来富裕，想必囤积了不少粮食，不如去问他借。

周瑜带上人马登门拜访鲁肃，刚刚寒暄完，周瑜就直接说：“不瞒老兄，小弟此次造访，是想借点粮食。”

鲁肃一看周瑜丰神俊朗，日后必成大器，他想与周瑜深交，哈哈大笑说：“此乃区区小事，我答应就是。”

鲁肃亲自带周瑜去查看粮仓，这时鲁家存有两仓粮食，鲁肃痛快地说：“也别提什么借不借的，我把其中一仓送与你好了。”周瑜及其手下一听他如此慷慨大方，都愣住了，要知道，在饥馑之年，粮食就是生命啊！周瑜被鲁肃的言行深深感动了，俩人当下就交上了朋友。

后来周瑜发达了，当上了将军，他牢记鲁肃的恩德，将他推荐给孙权，鲁肃终于得到了干事业的机会。一个人想施恩于人时，心中一定是快乐的。施比受更有福。我相信每一个人都善良的，在自己条件允许时，谁都愿意赠人玫瑰，让那余香在手中回味悠长。

施恩者以快乐而付出，感恩者以真诚而报答，我想这应该是最完美的结局。但现实却往往没有这般完美。因为施恩者常常是怀有感恩期待的。如果没有得到回报，常常会感到失落，怨恨，觉得付出不值得。这种心情，必然会影响到他下次施恩。很可能，下次他就不再做赠予这种“傻”

事了。因为他的感恩期待没有结果，甚至最后的结果会把恩人变成仇人了。

施恩不望报的人，是拥有一颗真正从容淡泊的心的，本来回报恩情，是不受法律约束的行为，实在不可强求。再想想一个施恩的人，如果你希图报答，无论是什么方式的报答，那你施的就不是恩，而是交易。而受恩者，你也不是在报恩，而是在偿还。施恩于人，不望报答，说声感谢是必然的，那又何须定一个日子，限定方式如数清还呢？

我们要常常告诫自己，没有哪一种给予是应该的，滴水之恩当以涌泉相报。要记住别人的好，忘记他的不好，感恩之心常有。所以，我想，感恩不应该是在嘴上，而是应该在心里和行动上。更重要是如何尽你的能力再施恩予人，而不求回报。这才是恩情循环的最高境界吧。

因为感恩而施恩，感恩就是一个流动的行为，生生不息，当这种行为变成整个社会公众意识时，才是最好的行为。

第五章
大道至简，极致是真

一个人写文章写到登峰造极的水平时，并没有什么奇特的地方，只是把自己的思想感情表达得恰到好处而已；一个人的品德修养如果达到炉火纯青的境界时，和普通平凡人没有什么区别，只是使自己的精神回归到纯真朴实的本性而已。

为人处世，贵在自然

一个人写文章写到登峰造极的水平时，并没有什么奇特的地方，只是把自己的思想感情表达得恰到好处而已；一个人的品德修养如果达到炉火纯青的境界时，和普通平凡人没有什么区别，只是使自己的精神回归到纯真朴实的本性而已。

子贡向孔子请教说："君子看重美玉，却看不起像玉那样的美石，为什么？是不是因为真玉少而像玉那样的美石多呢？"孔子说："唉！端木赐，这是什么话！君子难道因为多就看不起它，少就看重它吗？玉，是君子用来比喻道德品质的。玉柔润有光泽，好比君子的仁慈；坚实而有纹理，好比君子的智慧；坚固刚毅而不弯曲，好比君子的道义；有棱角而不伤人，好比君子的德行；能被折断却不弯曲，好比君子的勇敢；玉上的斑点和美丽同时表现出来，好比君子坦荡的情怀；敲击它，声音清脆响亮，远方也听得见，不敲击了，声音便戛然停止，好比君子的言辞干净利落。所以，即使像玉的美石雕上花纹，还是比不上玉的晶莹生光。《诗经》上说：'思念君子，温和如玉。'说的就是这个意思啊！"

《庄子·在运》中引用了老子教诲孔子的一番话：孔子拜见老聃讨论仁义。老聃说："播扬的糠屑进入眼睛，也会颠倒天地四方；蚊虻之类的小虫叮咬皮肤，也会通宵不能入睡。仁义给人的毒害就更为惨痛乃至令人昏聩糊涂，对人的祸乱没有什么比仁义更为厉害。你要想让天下不至于丧失淳厚质朴，你就该纵任风起风落似的自然而然地行动，一切顺于自然规律行事，又何必那么卖力地去宣扬仁义，好像是敲着鼓去追赶逃亡的人似的呢？白色的天鹅不需要天天沐浴而毛色自然洁白，黑色的乌鸦不需要每天用黑色浸染而毛色自然乌黑，乌鸦的黑和天鹅的白都是出于本然，不足以分辨谁优谁劣；名声和荣誉那样的外在东西，更不足以播散张扬。泉水干涸了，鱼儿相互依偎在陆地上，大口出气来取得一点湿气，靠唾沫来相互得到一点儿润湿，倒不如在江湖里生活，将彼此彻底忘怀。”

老聃的话告诉我们：为人处世，贵在自然，指出名声和仁义都是身外的器物，不能因为这些身外之物而使自己丧失了淳厚质朴的本性。实际上也就是讲，做人要回归本然，不要给自身套上伪装。这种回归本然是指经过一番修省磨炼以后更高层次的回归，这种回归会使人的言行变得自觉而高尚。

富贵于我如浮云

一个身穿蟒袍玉带的达官贵人，一旦看到身穿蓑衣头戴斗笠的平民百姓飘飘然一派安逸的样子，难免会发出一种羡慕的感叹；一个经常奔忙于交际应酬，饮宴奢侈、居所富丽的豪门显贵，一旦碰到逍遥悠闲过清闲朴素生活的人，心中不由得会产生一种恬淡自适的感觉，这时也难免要有一种留恋不忍离去的情怀。高官厚禄与富贵荣华既然并不足贵，世人为什么还要费尽心机放纵欲望追逐富贵呢？为什么不设法去过那种悠然自适而能早日恢复本来天性的生活呢？

孔子说：“富贵于我如浮云。”还说，“君子喻于义，小人喻于利。”而且告诫弟子“罕言利”。当孔子听说弟子冉求参加季康子“用四赋”的改革时，指责他帮助季氏聚敛财富，宣布将冉求逐出门墙，而且召唤弟子们“鸣鼓而攻之”。

孟子比孔子更为激进，干脆就讲“何必曰利”。那些“鸡鸣而起，孳孳为利”的人不过是“跖之徒”。在孔子看来，金钱、财富仿佛洪水猛兽，与仁义道德水火难容，厚此必将薄彼。财富充实，道德就沦丧了，道德沦丧，国家就危亡了。

《易经·系辞上》中说：“日新谓之盛德。”孔颖达对这句话做了解释：

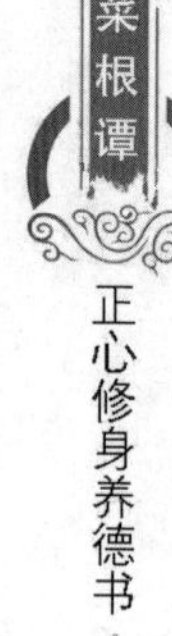

“其德日日增新，是德之盛极。”一人要能够做到在道德上每天有所上进，那就是最了不起的盛德了。

道德君子适其本性而生活，固然清贫，但重人格人品而芬芳于陋室。为什么这样呢？请看《庄子·缮性》中的一段论述，庄子说：“古时候所说的自得自适的人，不是说他们有高官厚禄，地位尊显，而是说他们出自本然的快意而没有必要再添加什么罢了。现在人们所说的快意自适，却是指高官厚禄地位显赫。荣华富贵在身，并不出自本然，犹如外物偶然到来，是临时寄托的东西。外物寄托，它们到来不必加以阻拦，它们离去也不必加以劝止。所以不可为了富贵荣华而恣意放纵，不可因为穷困贫乏而趋附流俗，身处富贵荣华与穷困贫乏，其间的快意相同，因而没有什么忧愁。如今寄托之物离去便觉不能快意，由此观之，即使真正有过快意也未尝不是迷乱了真性。所以说，由于外物而丧失自身，由于流俗而失却本性，就叫作颠倒了本末的人。”

看透世事才能顺应一切

一个饱经人世风霜的人，任凭人情冷暖世态炎凉的反复变化，都懒得再睁开眼睛去过问其中的是非；一个看透了人情世故的人，对于世间的一切毁谤赞誉都不会放在心上，不论人们随意对他呼牛唤马一般地吆喝，都会若无其事点点头。

在《庄子·天道》中曾说了这样一则关于老子的故事。一天，一个叫士成绮的人见到老子，问道：“听说先生是个圣人，我便不辞路途遥远而来，一心希望能见到你，走了上百天，脚掌上结了厚厚的老茧也不敢停下来休息休息。如今我观察先生，竟不像是个圣人。老鼠洞里掏出的泥土中有许多剩余的食物，看轻并随意抛弃这些物品，不能算合乎仁的要求；粟帛饮食享用不尽，而聚敛财物却没有限度。”老子好像没有听见似的不做回答。

第二天，士成绮再次见到老子，说：“昨日我言语刺伤了你，今天我已有所悟而且改变了先前的嫌隙，这是什么原因呢？”老子说：“巧智神圣的人，我自以为早已脱离了这种人的行列。过去你叫我牛我就称作牛，叫我马就称作马。假如存在那样的外形，人们给他相应的称呼却不愿接受，将会第二次受到祸殃。我顺应外物总是自然而然，我并不是因为要顺应而有所顺应。”

灭却心头火，提起佛前灯。禅家向来崇尚宽容忍耐的精神。

有个农家女孩无缘无故地怀孕，在父母的苦逼追问下，女孩竟指白隐禅师为其子之父。农夫和家妇怒不可遏，找白隐禅师理论，白隐禅师听完了对方的辱骂，只说了一句话：“就是这样吗？”婴儿降生后即送给了白隐禅师。白隐禅师虽名誉扫地，但并不介意，细心照顾孩子。不久，此事真相大白，原来孩子的生父是一个市井之徒。女孩的父母上门向白隐禅师赔礼道歉，称赞他是一位善良的人。白隐禅师在交回孩子时仍然轻轻说道：“就是这样吗？”

白隐禅师的胸怀多么坦荡，他的涵养足令毁谤者自惭形秽。

第六章

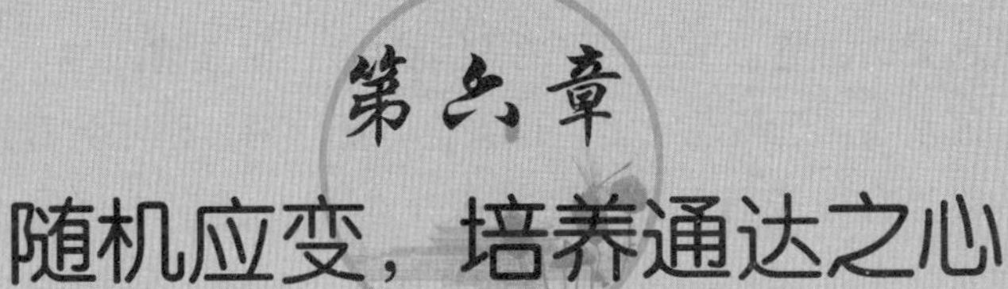

随机应变，培养通达之心

通达，从古到今都是人们追求的一种境界。人应有通达之心，在实践中提高思想境界和道德修养。

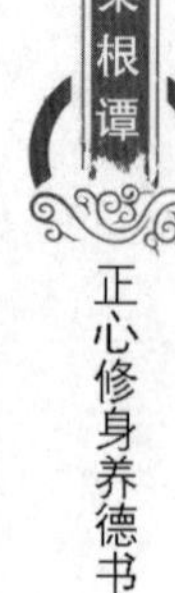

用通达提高自己的修养

孔子到吕梁山游览，见一男子在那里游水，便上前问他：“吕梁瀑布深几十丈，流水飞沫远溅几十里，鱼鳖也不能浮游，刚才我看到你在那里游走，以为你是有痛苦而寻死，便打发学生沿着流水来救你。你游出水面，披头散发，一面走，一面唱，我以为你是鬼怪，但仔细观察，还是人。请教你，到这深水中去有什么办法呢？”那男子说：“没有，我没有办法。水回旋，我跟着回旋进入水中，水涌出，我跟着涌出水面。顺从水的活动，不自作主张，这就是我能游水的缘故。”所以，随机应变，与物迁移，不固守一端，不固执一辞，一会儿上，一会儿下，一会儿左，一会儿右，一会儿前，一会儿后，这就是真正的通达之士。

庄子在《德充符》中假托孔子和他的学生常季关于残疾人王骀的对话，指出经过验证而充实的“德”，是一种“忘形”与“忘情”的心态。

常季说：“他运用智慧来提高自己的道德修养，运用心智去追求自己的理念。如果达到了忘情、忘形的境界，众多的弟子为什么还要聚集在他的身边呢？”孔子回答说：“一个人不能在流动的水面照视自己的身影而是要面向静止的水面，只有静止的事物才能使别的事物也静止下来。各种树木都受命于地，但只有松树、柏树无论冬夏都郁郁葱葱；每个人都受命于天，但只有虞舜道德品行最为端正，他们都善于端正自己的品行，因而也能端正他人的品行。保全本初时的迹象，必怀无所畏惧的胆识；勇士只身一人，也敢称雄于千军万马。一心追逐名利而自我索求的人，尚且能够这样，何况那主宰天地，包藏着万物，只不过把躯体当寓所，把耳目当作外表，掌握了自然赋予的智慧所通解的道理，而精神世界又从不曾有过衰竭的人呢？他定将选择好日子升登最高的境界，人们将紧紧地跟随他。他还怎么会把聚合众多弟子当成一回事呢？”

万象空幻，达人达观

我贵而人奉之，奉此峨冠大带也；我贱而人侮之，侮此布衣草履也。然则原非奉我，我胡为喜？原非侮我，我胡为怒？意思是有权有势，人们就奉承我，这是奉承我的官位和乌纱；贫穷低贱，人们就轻蔑我，这是轻蔑我的布衣和草鞋。可见，根本不是奉承我，我为什么要高兴呢？根本不是轻蔑我，我为什么要生气呢？

一个人活在世上，目的是为了追求自己的幸福。到底什么才是真正的幸福？幸福是人们向往追求的精神与物质结合的东西，人们在得到幸福后还会不停的追求更高层次的幸福。所以只能说，幸福是人们追求和向往的境界。

所有的人都渴望幸福，追求幸福，但人们往往忽略了幸福其实只是点点滴滴的心灵感受。人，不管他物质生活充实或贫乏，只要他心里非常安祥，就是在过着幸福的生活。不管他是处在什么样的地位，过着什么样的生活，如果心里紊乱不安，这种生活无异是对生命的一种煎熬。

人有了安祥的感受，才是生命的真正享受。人若让内心不安，幸福便无从建立。《左传》上有个诸侯楚武王荆尸跟他太太邓曼说：余心荡。意思是说，我最近心乱得很，安定不下来，心里非常烦乱。他太太说：王心荡，王禄尽矣。你既然失去内心的安祥，你所拥有的一切也将会丧失了。隔了没有多久，楚武王果然去世了。所以只有活在安祥里才是真正的幸福，人若能生活在安祥的心态里，就拥有了永不枯竭的幸福泉源，幸福就会永远追随着你。

沧桑变化转眼事，世上千年如走马。人生不过百年，多么的短暂啊！所以，对于卑微贫困和荣华富贵，对于人情的冷暖和世态的炎凉，要有超然的态度，能够如此潇洒地面对人生，才算得上大彻大悟。

宋代文学家苏东坡具有“万象皆空幻，达人须达观”的旷达胸怀，以他心直口快的个性，能屡遭坎坷而保持快乐，是与他身体力行“无故加之而不怒，猝然临之而不惊”的生存哲学分不开的，没有“一蓑烟雨任平生”的放达，又怎能有“也无风雨也无情”的境界？

当年，苏东坡因为无中生有的“乌台诗案”而遭贬黄州，一个率真的诗人与秉直的官员，遭到了人生重重的打击！他对政治与人生充满厌倦，但没有颓废，一边寄情山水，一边冷静思考，终得了悟，并更加地热爱与享受生命了。

“惟江上之清风，与山间之明月，耳得之而为声，目遇之而成色。取之无禁，用之不竭。是造物者之无尽藏也，而吾与子之所共适。”著名的《前后赤壁赋》，还有《念奴娇·赤壁怀古》就是在这个时期写就的。

面对人生的困境，却有着一颗蓬勃的诗心。这是何等超凡美妙的境界？林语堂先生评说他，“他的一生是载歌载舞，深得其乐，忧患来临，一笑置之。”这，正是我们孜孜以求的诗意人生。

人生就算再失意，也要多为自己保存一点天真。诗意的生活，不是上天的恩赐，不是你辛苦打拼就能换来的。它在于你心中有天地，眼中有大美，灵魂中有向善的追寻，性情里留一份无所拘束的童真。只要你有着这么一颗诗心，你便可以着手创造属于你的诗意的人生。

人生是一段艰辛的跋涉。人生纷纭复杂，坎坷曲折，决不只是绿叶簇拥的红花，更多的是荆棘杂草中远征的苦涩；也不只是对春华秋实的满足，更多的是经受酷暑寒冬的洗礼。人生在积演了大量的风风雨雨、坎坎坷坷之后，只有从容地迎接命运的挑战，诸多人生难题才能圆满解答。从容是人生的一种坦然，是对生命的一种珍惜。

一个好的心态，一个阳光的心情，就象沙漠里的一眼甘泉，足以燃起人们求生的欲望，给人以必胜的信心。一个健康的心态，一个自信的心情，一份心里的淡定和坦然，带给人生的是意想不到的成功和喜悦。

没有希求，何来忧惧

我不希荣，何忧乎利禄之香饵？我不竞进，何畏乎仕宦之危机？我不希罕荣华富贵，又何必担心他人用名利作饵来引诱我呢？我没想过要与人竞争高官，又何必恐惧在官场中的仕途险恶呢？

古代官场中四处布满陷阶充满荆棘，因此才有“香饵之下必有死鱼”的说法。所以作者劝戒人们为人处事要想不误蹈陷阱误踏荆棘，最好是把荣华富贵和高官厚禄都看成过眼烟云。

的确，一个人如果不希冀官场的升迁就自不会去投机钻营，不会去阿决奉承，就会无所畏惧，那权势又奈我何？陷饼对于想图功名者来说才是陷阱，而对于轻名利者则不是陷阱。

汉朝开国功臣韩信，权谋过人，又骁勇善战，屡立大功，被列为替刘邦打下天下的功臣之首 ，他因此当上了朝廷的大官。韩信的权柄很大，俸禄也很高，但他缺乏智者的情怀，一边享受着高官厚禄，一边又为高官厚禄所困扰羁绊，不时露出好争地位、争爵位的面目，因而为 汉高祖刘邦所不容，抓住一些理由将他逮捕，关进了大牢。

在牢中，韩信悲愤交加地说：“正像别人说的一样，狡猾的兔子捕尽了，猎狗就该下汤锅；天下的飞鸟射尽了，好弓箭就该收拾起来扔进库房；敌对国家已经灭亡，出谋划策的臣子们 也该丧命。现在，天下已经安定，我是该下汤锅了。”

从韩信的这番话里不难听出，其悲愤欲绝中夹带着悔恨之意，可事已到此，哪里还有重新做起的机会呢？

后来，韩信终于未能逃脱被杀的命运。韩信的官儿不算小，财产也不算少，但是由于他们对官爵、财产、享乐的向往没有止境，对个人私利的追求没有边际，最终的下场都极为可悲。说句公道话，置他们于死地的尽管原因比较复杂，但他们所共有的那颗贪婪贪欲之心则是造成他们无可挽回的悲剧的重要因素。

庄子历来鄙视富贵功名，在《庄子见惠施》中就有一个辛辣地嘲笑那些追名逐利者的故事。

惠施任梁惠王的宰相，庄子去拜访他，有人对惠子说："庄子来是想取代你为宰相。"惠子听了惶惶不安，派人搜查庄子达三天三夜之久。

庄子去看惠子，对他说："你知道南方有只名叫鹓鶵的鸟吗？鹓鶵从北海飞到南海，一路上，不是梧桐不栖，不是竹实不吃，不是甘泉不饮，有一只猫头鹰找到一只腐鼠，正好鹓鶵飞过，它害怕鹓鶵来争，仰头大喊一声'吓！'你难道也为相位来吓叱我吗？"

庄子以鸾凤一类的鸟自喻，以鹓鶵饮醴泉、栖梧桐来比喻自己高洁清白的品格，而世俗认为显赫的宰相地位，在庄子的眼里只不过是一只死掉的臭老鼠。

大彻大悟的人，能够进了围城又出了围城。这种人是真正的不希荣、不竞进的高人逸士。

南宋抗金名将岳飞说："文官不爱钱，武官不惜死，天下平矣。"我们读史就可以知道，天下不能安定、政治不能清明，绝对与做官的人爱钱、玩权的习气，有直接的关联。要知道权力和金钱都是相当诱人的，我们想世间到底是什么样的人物，你把这些东西摆在眼前了，他还能不为所动？确实不容易啊！没有很高的道德和胸襟，千万不要轻易接触权力。不要想说十年寒窗无人问，一朝富贵逼我来，于是暗自窃喜，殊不知没有足够的气度胸襟，就是天大的富贵，终究也会酿至难以收拾的灾难。我们摊开中外历史，有几个位极人臣的，能够做到生荣死哀？

所以，古人警告我们，接触金钱与权力，要像接触毒蛇一样小心，因为这些东西太容易让人堕落了。还没接触的时候，大家都会唱高调，一旦手上握到权力，头脑立刻就昏了。

权力和金钱不是人生最重要的东西，对于权力和金钱都是抱有适可而止的态度，不要把它作为终极目标。远离世俗的功利，远离物质、金钱和权力的诱惑，保持清洁的内心，享受精神的自由。做到这些，不也很好吗？

第七章
排除心烦恼，幸福自然来

庄子主张的道德修养的最高境界是恬淡、寂寞、虚空、无为，认为虚空和恬淡“方才合乎自然的真性”。要达到这种境界，就要排除内心的烦恼，只有这样，“云去月现，尘拂镜明”的高尚追求才能自然呈现。

排除内心烦恼，追求自然呈现

没有被风吹起波浪的水面自然是平静的，没有被尘土遮盖的镜子自然是明亮的。所以人类的心灵根本无须刻意清洗，只要除掉心中的邪念，那平静明亮的心灵自然会出现。日常生活的乐趣也根本不必刻意去追求，只要排除心中的一切困苦和烦恼，那么快乐幸福的生活自然会呈现在人们面前。

《孟子·尽心章句上》说："能够充分扩张自己善良的本心，就可以懂得什么是人的本性；懂得了人的本性，就可以知道什么是天命。保持人的本心，培养人的本性，这本身就是我们对待天命的最好方法。短命也好，长寿也好，我都不三心二意，只是修养身心，等待天命，这就是安身立命的最好方法。"所以，为人修身之道，只在于找回其淳厚善良的天性而已。

庄子在《刻意篇》中说："恬淡、寂寞、虚空、无为，这是天地赖以均衡的基准，而且是道德修养的最高境界。"又说："圣人生于世间顺应自然而运行，他们死离人世又像万物一样变化而去；平静时跟阴气一样宁寂，运动时又跟阳气一样波动。不做幸福的先导，也不为祸患的起始，外有所感而内有所应，有所逼迫而后有所行动，不得已而后兴起。抛却智巧与经验，遵循自然的常规。因而没有自然的灾害，没有外物的牵累，没有旁人的非议，没有鬼神的责难。他们生于世间犹如在水面漂浮，他们死离人世就像疲劳后的休息。他们思考，也不谋划，光亮但不刺眼，信实却不期求。他们睡觉不做梦，他们醒来无忧患，他们心神纯净精粹，他们魂灵从不疲惫。虚空而且恬淡，方才合乎自然的真性。"

庄子主张的道德修养的最高境界是恬淡、寂寞、虚空、无为，认为虚空和恬淡"方才合乎自然的真性"。要达到这种境界，就要排除内心的烦恼，只有这样，"云去月现，尘拂镜明"的高尚追求才能自然呈现。

觉悟人生，享受快乐

终日被物欲困扰的人，总觉得自己的生命很悲哀；留恋于本性纯真的人，会发觉生命的真正可爱。明白受物欲困扰的悲哀之后，世俗的怀恨可以立刻消除；明白留恋于真挚本性的欢乐，圣贤的崇高境界会自然到来。

老子说：“人之大患在吾有身，及吾无身则吾有何患”。有吾身则烦恼接踵而来，就难以抗衡一切外物的困扰了。佛家认为，消除所有的烦恼，要在彻悟自己真性上多下功夫。人能去人欲存就能明心见性。

人生在于觉醒。觉醒的人是解脱的人，他的自由不为别人所限制，也不为自己所限制。惟有心真正闲下来，放下对世俗人情的执著迷恋，才能将个人的精神提升到一个新的境界，才能感受到“人闲桂花落，夜静春山空”的禅境。只有在滚滚红尘中保持一份清醒，便能以一闲对百忙，以潇洒的姿态应对人生。

青藤攀附树枝，爬上了寒松顶端；白云疏淡洁白，出没于天空之中。万事万物本来清闲，只是人们自己在喧闹忙碌。人不必争名夺利，尔虞我诈，勾心斗角，搅得朗朗乾坤不太平，搅得自己心中不清闲，应该觉悟本性，摆脱追逐争斗，归于清闲自在。

弘一大师（李叔同）说：“自古以来，很多人拼命争名夺利，夺取利益时，甚至不择手段，不知道后患无穷，这些人其实是迷惑颠倒的人。”佛语有云：“满库金，满堂玉，何曾免得无常路？”佛语蕴含着无限禅机，人也是灵性的生物，偶然拾得一句，便能参透半个人生。

《列子·周穆王篇》曾记载着这样一个故事：

周国有一个姓尹的富翁，在经营产业的过程中，把手下干活的仆役差遣从早到晚奔走忙碌，连气也喘不过来。他有一个老役夫，终日辛苦，累的精疲力竭，疲惫不堪。可是一上床，他就梦见自己做了国王，高高在

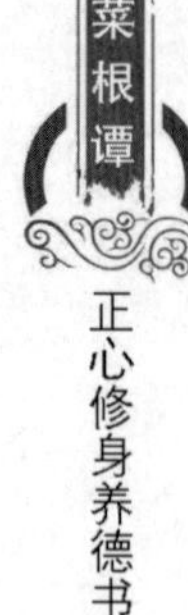

上，处理国家大事，来往于丰盛的宴席和华丽的宫院之中，为所欲为，快乐无比。在他醒了之后，却仍然劳累如故。

有人看他这么辛苦，便来安慰他，可他却自有看法：“人生百年，昼夜各半。我白天下苦力，晚上做国王，真是其乐无比，又有什么可以埋怨的呢？”

姓尹的富翁整天苦心经营，殚思竭虑，也弄得心力交瘁，到了晚上，倒头就呼呼睡去了。睡中，他夜夜梦见自己在当着别人家的佣人，奔走干活，样样都做，弄得不好还要挨骂挨打，真是吃尽了苦头。

姓尹的富翁不堪夜夜梦中的痛苦，便去求教朋友。朋友告诉他说：“你的地位足以荣身，资财也绰绰有余，远远超过了别人。你夜里梦见做人家的仆佣，这是劳苦和安逸彼此往复的理数之常。你想醒时和梦里都获得快乐，哪有这么便宜的事？”

姓尹的富翁听了朋友的开导，心里立时大悟，从此宽待仆役，而自己也省却不少劳心的事。不久，他自己感到果然减轻了不少心头的痛苦。

我们尊重并赞成尹富翁强烈的事业心，但他的心灵执着成这个样子，夜夜继续劳苦不息，生活也就毫无快乐、了然无趣了。纵观尹富翁人生立场的本质，第一是功利性的，第二是现实性的，他永远不会有闲下来的时候，当然活得很累。所幸后来彻悟，有所改变。

世界上有许多诱惑，金钱、桂冠、权贵，都是身外之物，只有生命才是最真实的。可叹世间大多数人似乎都不能真正选择是要钱还是要命，所以活得很辛苦。

净慧大师说：“苦在一切人面前都是平等的，只不过苦的方式不同而已。人活着为什么会感到很累很累呢？就是因为总被种种外在的事相所迷惑，总期求得到的越多越好，以至肩上的担子越来越重，连步子都迈不开了。”

人生是苦的，充满烦恼，但如果放下执著，苦当下就是空，烦恼就是菩提，人生就是解脱。人类生活在这个世界，完全不享受外在物质的快乐是不太现实的。值得强调的是，要想获得健康的快乐，必须依靠内心这一主要因素，而外在物质是次要的。所以，一定不要对主要的追求和次要的追求在认识上出错，这是十分重要的。

无名无位，乐为最真

人知名位为乐，不知无名无位之乐为最真；人知饥饿为虑，不知不饥不寒之虑为更甚。意思是说，一般人都只知道名誉和官职是人生的一大乐事，却不知道没有名声没有官职才是人生真正的乐趣。一般人只知道饥饿跟寒冷是最痛苦的事情，却不知道那些不愁衣食的达官贵人，他们那种患得患失的精神折磨才是最痛苦的。

人们追求财富显贵而使生活过得更好些是很现实的，但并不能因此而忘却自身原修养。每个层次都有不同的烦恼。

曹雪芹的《红楼梦》中写了一首“好了歌”说明了世俗心理：“世人都晓神仙好，惟有功名忘不了！古今将相在何方？荒冢一堆草没了！世人都晓神仙好，只有金银忘不了！终朝只恨聚无多，及到多时眼闭了。”陶渊明不为五斗米折腰，挂冠而归田园，因为他讨厌官场倾轧，权势的人，成为千古美谈。从这种寻求内心平衡和道德完善的角度来讲，生活清贫而不受精神之苦，行为相对自由洒脱而不受倾轧逢迎之累是可羡慕的，安贫乐道未尝不好？快乐可以很简单，在乎明月清风之间，在于劳动后树荫下的小憩里。

“竹林名士号七贤，魏晋清谈说三玄”，“群豕既来且同饮，唯公亲知乐管弦”。古人尚能如此潇洒自如，为什么我们却不能呢？需知，我们的生活除了金钱除了权力还有许多东西。当我们为挣钱忙得焦头烂额甚至脸顾不上洗饭顾不上吃时，为什么不一把甩开，到外面呼吸一下新鲜的空气，欣赏一下路边无名的小草；当我们老也猜不透上司的想法时，为什么不干脆放下它，然后回家看看父母？

向往逍遥自在的生活是每个人的天性，但真能做到这样却很困难。生活中的自由是有条件的，如果能尽量减少欲望、淡泊名利，即使做不到心静如水，但也能给自己增添一份洒脱，给人生增添一份真趣。

什么都想要，最后可能什么也得不到，反而一辈子将自身置于忙忙碌碌、钩心斗角之中。这样活着，未免太累！《论语》里说颜回“一箪食，一瓢饮，在陋巷，人不堪其忧，回也不改其乐。”如果少一些欲望，是不是也会少一些痛苦呢？

哲人说：“当官为民，有钱没钱，其实都一样可以活得有滋有味，各有各的活法儿。一切都随时空的转移，个人的条件为依据。”功名利禄不必刻意去追求，官大五品，腹中空空，也是虚有官禄。“芝麻绿豆”一个，身怀绝技，照样誉满全球，悠哉快哉！

但是，“人是贱坯子”，没有追求就活得乏味，没奔头，还得要追求。功名利禄到手了，“七品”的还想闹个“六品”，有了“六品”想“五品”，有了“五品”又眼馋“三品”。于是就得巴结，拼命地巴结，只在“品”级上巴结，结果“人品”是巴结一级少一品，到头来累得精疲力竭。仔细品味品味，竟不知道人生是个啥滋味，一辈子不曾享受过真人生，也不懂得真人生，“活得真累”！

在功名利禄之上，“难得糊涂”，一切顺其自然，认认真真地做事，老老实实地做人，得则得，不能得不争；当得没得，不急不恼，不该得，得了，也不要，这才叫聪明人，活得轻松，悟得透彻。

人总是会说活得很累。细究起来，生活中的累，除了体力之累，还有精神之累，欲望之累。欲望的满足不是满足，而是一种自我放逐，欲望会带来更多更大的欲望。

其实，从生活的价值来说，能够体味人生的酸甜苦辣，做过了自己所喜欢的事，没有虐待这百岁年华的生命，心灵从容富足，则在富在贫，皆足安心。

参考文献

[1]门马. 中国智慧品读·菜根谭与当下生活[M]. 北京:中国长安出版社,2013.

[2]郑建斌. 跟鬼谷子学处世,跟菜根谭学修身[M]. 北京:中国画报出版社,2013.

[3]胡元斌,郭艳红. 菜根谭新读[M]. 北京:中国书籍出版社,2013.

[4]洪应明. 菜根谭精粹大全集[M]. 博瀚,编著. 沈阳:沈阳出版社,2012.

[5]东云,达夫. 左手《鬼谷子》,右手《菜根谭》[M]. 北京:中国华侨出版社,2012.

后　记

“菜根谭”三个字说明了“咬得菜根，百事可做”。它讲述了作者对人生的领悟，是一种人生经验的沉淀和累积，有超脱、有感慨、有体会，是论述修养、人生、处世、出世的语录文集，是儒、释、道三教真理的结晶，得来不易的传世教人之道，旷古稀世的奇珍宝训。对于人的正心修身，养性育德，有不可思议的潜移默化的力量。其文字简练，兼采雅俗，似语录，而有语录所没有的趣味；似随笔，而有随笔所不易及的整饬；似训诫，而有训诫所缺乏的亲切醒豁；且有雨余山色，夜静钟声，点染其间，所言清霏有味，风月无边。

《菜根谭》包含了很多哲理，让你读过后会豁然开朗。无论你身陷人际困局中还是职场是非中，它都会给你一把钥匙让你开启愉快之门。不仅如此，它还能让你开阔思想、修养身心，让你成为一个懂事理、懂大义的人。

《菜根谭》教导人们做人要光明磊落，像青天白日一样，也就是人们所说“君子坦荡荡”“明人不做暗事”。对于有才能的人不要急于展示自己的才华，以免遭人嫉妒。展现才华的时候如果不分时间、不分场合，这样不仅不能让你受人瞩目，还可能遭到嫉恨的眼光。因而要低调些，大海之所以能成为大海，是因为它比所有的河流都要低！

“做人无甚高远事业，摆脱俗情便入名流，为学无甚增益工夫，减除得物累，便臻圣境。”做人不是非要成就一番伟大事业，只要摆脱世俗的功名利禄，就能跻身于名流；做学问也没有什么诀窍，只要摈除外物的诱惑，便可以达到至高无上的境界。如果我们没有被名利所左右，便可以专心致力于一项事业，摆脱俗情物欲，做到淡泊明志，志存高远。